数据可视化

必 修 课

沈君 _ 著

Excel 图表制作与 PPT 展示

U0107478

人民邮电出版社
北　京

图书在版编目（CIP）数据

数据可视化必修课 ：Excel 图表制作与PPT展示 /
沈君著. -- 北京 ：人民邮电出版社，2021.8（2022.9重印）
ISBN 978-7-115-55629-5

Ⅰ. ①数… Ⅱ. ①沈… Ⅲ. ①表处理软件②图形软件
Ⅳ. ①TP391.13②TP391.412

中国版本图书馆CIP数据核字(2020)第257933号

内 容 提 要

"我要对比这些数据，你把它们做成图表！"

用哪种图表合适？要怎样选择？

"图表太乱，我要图表看起来简单、专业！"

他究竟想要什么样的图表？

"我要去做报告，把这些图表放到 PPT 里！"

简简单单复制粘贴进去，肯定不行，怎么做才能有效地展示关键数据？

上司的种种要求、各种需求，你真的了解吗？

本书是作者多年工作经验和企业培训经验的总结，直面基于不同类型数据制作图表过程中的常见问题，并给出高效的解决方案，帮助读者快速完成图表选择、图表制作及 PPT 图表展示等操作，成为会使用图表有效表达的人！

◆ 著　　　　　沈　君

责任编辑　马雪伶

责任印制　彭志环

◆ 人民邮电出版社出版发行　　北京市丰台区成寿寺路 11 号

邮编　100164　电子邮件　315@ptpress.com.cn

网址　https://www.ptpress.com.cn

北京捷迅佳彩印刷有限公司印刷

◆ 开本：700×1000　1/16

印张：15.5　　　　　　　　　2021 年 8 月第 1 版

字数：303 千字　　　　　　　2022 年 9 月北京第 3 次印刷

定价：89.90 元

读者服务热线：(010)81055410　印装质量热线：(010)81055316
反盗版热线：(010)81055315
广告经营许可证：京东市监广登字 20170147 号

PREFACE 前言

　　使用数据可视化可以达到清晰、直观、形象地展示数据的目的，要想做好数据可视化，就可以借助图表。图表能够把大段烦琐的文字、海量的数据直观地展示出来，不仅能使读者或听众快速获取数据信息，而且专业的图表还能在工作中增强个人的职场竞争力，为升职加薪创造机会。

　　意识到图表的重要性后，越来越多的人开始花费精力和时间去学习图表。在与近万名职场人士的交流中，我了解到多数人都有这样的困惑："图表种类那么多，我如何根据数据来选择最合适的图表呢？"

　　图表做出来是要给他人看的，所以选择合适的图表是关键。在本书中，我将图表展示目的分为强调数值、展示完成情况、描述组成、描述完成率等多种情况；并将表格中的数据分为单组数据、一类数据、二类数据和三类数据等类型。掌握制作图表的目的和数据类型等基本信息后，就可以根据书中的目录信息，快速挑选出合适的图表类型。

　　在实际工作中，很多职场人使用图表不仅是为了分析数据，还需要做报告。在使用 PPT[1] 将图表展示给其他用户时，选择合适的展示方法来突出重点数据也是很重要的一环。

　　根据这样的情况，我开始着手编写本书，目的是"真正解决职场人士的问题"，而不是"软件教学"，毕竟 Excel 和 PPT 只是解决问题的工具而已。

　　如何让读者在看完这本书之后能够真正把学到的知识应用到自己的工作中呢？我将多年的工作经验和企业培训经验用案例化的方式进行演绎，使用一个个

---

[1]　PPT 是微软公司 PowerPoint 软件的简称，它是 Office 办公组件中的一款软件，主要用于制作演示文稿。

独立案例将 Excel 中的图表制作、PPT 中的图表制作与 PPT 展示相关的知识点串联起来，避免出现"学的时候会，用的时候忘"的情况。在看完这本书，完成书中一个个案例后，你已经在不知不觉间学会了图表制作与展示的主要知识，并能够运用到工作中了。

同时，本书配套的电子资源中还提供了书中案例的教学视频和学习过程中所需的相关文件，可以帮助读者加快学习进程。扫描下方的二维码，关注公众号，回复 55629 即可获取本书配套学习资源下载方式。读者也可以加入 QQ 群 809610774 交流学习。

由于作者水平有限，书中难免有疏漏和不妥之处，恳请广大读者不吝批评指正。本书责任编辑的联系信箱：maxueling@ptpress.com.cn。

目录 CONTENTS

第**4**章　**单组数据，时间点多时图表的选取与展示**

第**5**章　**一类数据，介绍项目各阶段安排时图表的选取与展示**

第 **6** 章

一类数据，介绍不同项目关系时图表的选取与展示

第 **7** 章

二类数据，图表的选取与展示

第 **8** 章　描述数据之间关系图表的选取与展示

第 **1** 章 做图表之前你需要了解这些

在数据分析中，为了能够快速分析枯燥的数据，会用到图表；在做工作汇报时，为了展示工作成果，会用到图表；在说服客户购买产品时，为了让客户对产品产生信任，也会用到图表。

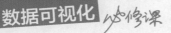

图表在我们的工作中有着许多的使用场景，因为它是可视化的图形，可以将烦琐的文字或者表格数据以图形化的形式展示出来，一目了然，使读者或听众更容易理解主题和观点；我们还可以通过颜色和字体等，把问题的重点有效地传递给读者或听众。另外，专业的图表还能塑造值得信赖的职业形象，它会极大地增强个人的职场竞争力，为个人发展加分，为个人成功创造机会。

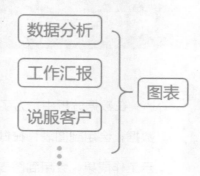

1.1 图表在 Excel 中用于分析，在 PPT 中用于展示

在 Office 系列软件中，Word、Excel 和 PowerPoint（以下简称"PPT"）都提供了插入图表的功能，但是大部分人却不能区分这 3 款软件中图表的作用。下面通过一个员工信息表的案例，搞清楚 3 款软件中图表的作用。

假设你所在的公司有 100 名员工，你需要统计各个年龄段的人数。而这 100 名员工的数据通常会存储在 Excel 中，你可以通过数据透视表将这 100 名员工按照年龄进行分组，最终得到以下的结果。

年龄	汇总
0-30	20
31-40	30
41-50	35
51-60	10
61-70	5
总计	**100**

这样枯燥的数据，无法直观地进行对比和分析，而这个问题可以通过插入图表来解决。

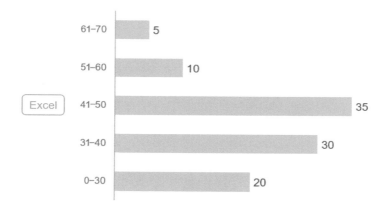

此时一目了然的是，41—50 岁的员工是最多的。相比枯燥的数字，图表更易于分析。

当看到 41—50 岁的员工最多时，经过分析可以发现公司员工年龄偏大。如果将这个结果结合年终小结一起汇报给上司，此时就需要将这个图表放到 PPT 中。

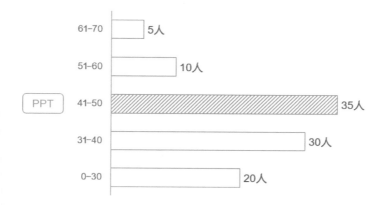

PPT 中的图表会结合一些样式和动画，将你的观点突显出来，让上司一看就知道："我们公司 41—50 岁的员工太多了。"

在汇报结束后，上司会对你说："你的工作做得很好，把这次的数据打印出来，我认真看一下。"这时就需要把图表复制到 Word 中，并将数据分析结果和建议一起以文字的形式放到 Word 文档中。

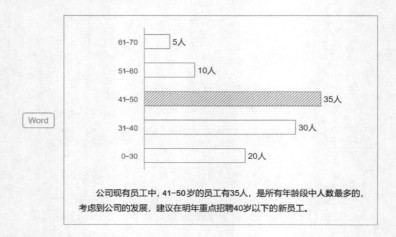

公司现有员工中，41-50岁的员工有35人，是所有年龄段中人数最多的，考虑到公司的发展，建议在明年重点招聘40岁以下的新员工。

通过这个案例你就能很快地区分图表在 Word、Excel 和 PPT 中的作用了。在 Excel 中，图表主要用于分析，通常是给自己或团队人员进行查看；在 PPT 中，图表的作用是展示 Excel 中分析的结果，所以需要进行设计，如调整颜色、修改字体和添加动画等，目的是让分析的结果突出重点，让上司或客户信任你的分析结果和数据；通过 Word 就可把 PPT 中的图表和观点打印出来，供上司或客户仔细阅读。

1.2 做图表易，选图表难

在与近万名职场人士的交流中，他们都明确表示，对于图表的使用存在非常大的困扰，而他们消除困扰的方法就是从书籍或者网络中寻找答案，可是这些往往都是围绕"如何做图表"来讲解的。

当我们需要做图表时，首先需要思考的是"该选择哪种图表"，而不是"如何做这个图表"。就像在前文的案例中，对于公司不同年龄段的人数统计，在制作图表之前，需要思考该用什么图表，是用柱形图，饼图，折线图，还是其他图呢？

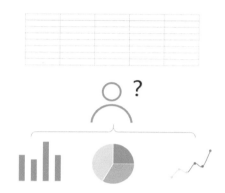

正是因为不知道"如何选择合适的图表"，所以许多职场人士往往在做工作汇报或与客户交流时使用了不合适的图表，从而无法准确表达出自己的观点。这也就是说，做好图表的关键并不在于"做图表"，而在于"选择合适的图表"。

做图表**易**，选图表**难**

1.3　制作图表的流程

为了消除众多职场人士对图表的困惑，本书将讲解 28 种适用于不同情境的图表解决方案。需要注意的是，本书并不是给你 28 个图表，而是给你 28 种不同情境下的图表解决方案。如需要介绍自己本年度目标的完成情况时，首选圆环图；需要介绍自己在部门中的业绩排名时，首选条形图；等等。只有当自己明确需要使用的图表之后，才能进入图表的制作环节。

在图表制作环节中，本书会详细介绍 Excel 中用于分析的图表和 PPT 中用于展示的图表，忽略 Word 中图表的应用，因为图表并不是在 Word 中制作的，只是将 Excel 或者 PPT 中的图表直接复制粘贴到 Word 文档中而已。

本书会将 28 种情境下的图表以案例化的方式呈现，每个案例的整体流程基本分为 3 步: 选择图表、在 Excel 中制作分析型图表、在 PPT 中制作展示型图表。

第2章

增强图表说服力——合适、专业及有效展示是关键

制作图表的目的是传递信息、帮助理解和支持决策，所以在制作图表时，首先应该选择合适的图表类型，然后用专业手法修饰图表以增强表现力，最后用有效的方式去展示。这样的图表才有价值。

2.1 如何挑选合适的图表

在本书中，将数据分为单组数据、一类数据、二类数据和三类数据，并且将根据数据制作图表的目的分为强调数值、强调完成量、描述完成率、时间分配、时间安排、描述组成、数据占比、数据对比及数据关系等类型，以方便读者挑选合适的图表类型。

在选择图表时，首先需要确定手里的数据属于什么类型。

单组数据：一般来说，单组数据指的是数据表中只有一种数据，如仅展示销售额、产品数量等。

一类数据：一类数据也可称为一组相关数据，由多个单组数据组成，并且数据之间有关联。

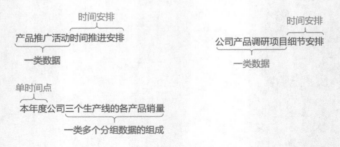

二类数据：二类数据由两个一类数据组成。如左下图中的"公司各部门"属于一类数据，"男女人数"属于一类数据；右下图中的"员工绩效"与"工作时间"均为一类数据。

三类数据：三类数据则是由 3 个一类数据组成的数据组，如"员工绩效""出勤率""每天工作时间"均属于一类数据，组合后的制图数据为三类数据。

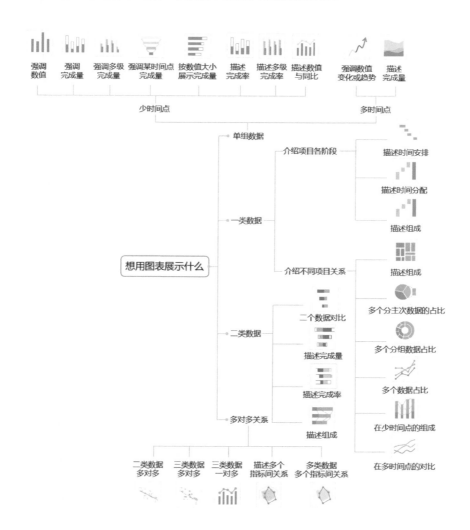

熟悉图表数据的类型后，可根据下图选择合适的图表。

2.2 专业的图表更具说服力

在汇报工作时，图表代表着工作成果；在向客户进行产品销售时，图表影响着客户对产品的信任。所以无论是 Excel 中的图表，还是 PPT 中的图表，都需要在原有图表的基础上进行 3 个操作：降噪、美化和突出重点。

下面以柱形图图表为例进行介绍。

2.2.1 去除图表的干扰项：降噪

在 Excel 中或者 PPT 中插入柱形图时，系统默认会给图表添加图表标题、图例、横坐标、纵坐标和网格线。

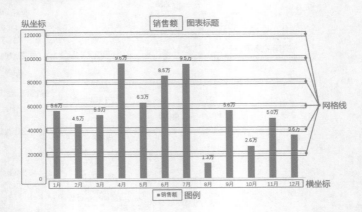

其中，纵坐标、图例、网格线并没有实际作用。如果把图表比喻成一段音乐，它们就成了图表的"噪声"；而去除这些干扰图表的"噪声"的过程，笔者把它称为图表的"降噪"。"降噪"后的图表更易于展示主要信息。

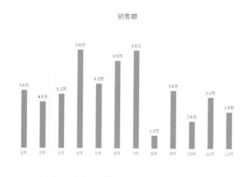

如何"降噪"呢？

单击图表的纵坐标，按"Delete"键即可删除纵坐标。

单击图例，按"Delete"键即可删除图例。

单击任意一条网格线，按"Delete"键即可删除网格线。

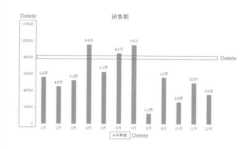

2.2.2 让专业的图表俘获人心：美化

图表如何俘获人心呢？美化是必不可少的。对比以下两张图，哪张更加能俘获你的心呢？

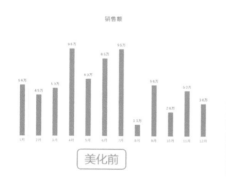

美化前

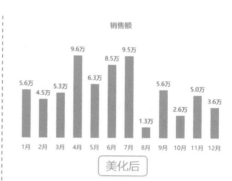

美化后

在数据完全相同的情况下，美化后的图表显得更专业，而在美化过程中仅做了3个操作：设置字体，调整字号，设置分类间距。

下面依次来完成这3个操作，从而美化这张柱形图。

01 选择整个图表，在【开始】选项卡中，将"字体"设置为"微软雅黑"，并将"字号"设置为"24"。

> **职场经验**
>
> 字号为什么是"24"呢？
>
> PPT中的图表是用于演示的，所以文字要尽可能地大，才能让观看PPT的人看得清。因此通常会根据图表的大小，将字号设置为18～36。

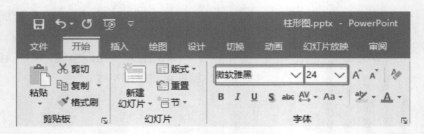

02 设置完字体和字号后，将图表铺满 PPT 的主界面，这样可以让各个数据之间有间隙。

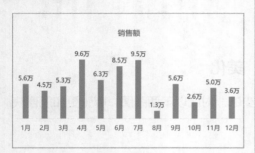

接下来调整分类间距，也就是让柱形图中的每个柱形都"变胖"。

03 双击柱形图中的任意一个柱形，弹出"设置数据系列格式"对话框，将"间隙宽度"调整为"100%"，分类间距越小，

柱形就越"胖"。通常会将柱形图的分类间距的范围设置为 20%~100%。

分类间距是指柱形图中每个柱形之间的间距，当间距越小时，柱形就会越"胖"。

04 更改图表标题，使其与本次汇报的主题一致。

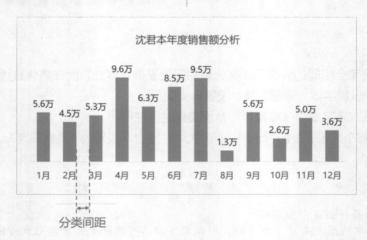

2.2.3 将分析结果可视化呈现：突出重点

为了能够突出图表中的数据分析结果，通常进行 3 个操作：设置醒目的标题、为图表设置动画和将重点数据额外标注。如对 PPT 进行如下设置并汇报。

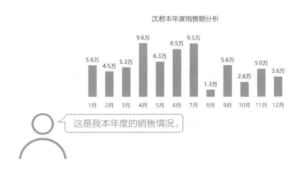

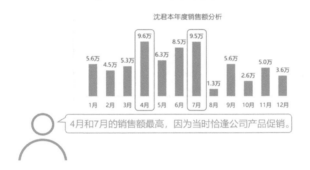

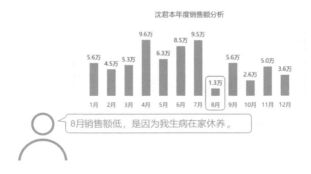

在整个汇报过程中，汇报的关键数据一目了然，这样能够突显你的工作价值，可以大大加深上司对你的职业印象。

如何完成这些操作呢？

01 将标题修改为"沈君本年度销售额分析"。需要注意的是，标题需要突显汇报的重点，而不是图表本身，因此"沈君本年度销售额分析"要比"沈君本年度每个月的销售额"更贴切。

02 为图表设置"擦除"动画。因为人们习惯于将柱形图中的每个柱形看成从无到有增长出来的，所以用"擦除"动画来表现再合适不过了。选择图表，选择【动画】选项卡中的"擦除"选项。"擦除"的默认效果就是"向上"，所以无须修改。

03 单击【插入】选项卡中的"形状"按钮，在弹出的下拉列表框中选择圆角矩形选项，然后在 4 月和 7 月的柱形外侧绘制圆角矩形。

04 选中这两个圆角矩形，单击【格式】选项卡，设置"形状填充"为"无填充颜色"。

05 设置"形状轮廓"为"深红"，"粗细"为"2.25 磅"。

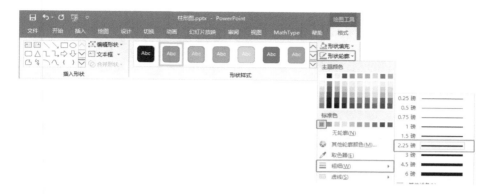

设置后的结果如下图所示。

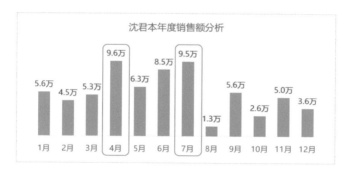

06 选中这两个圆角矩形，在【动画】选项卡中为它们设置"淡化"效果的动画。

07 完成了 4 月和 7 月柱形的动画设置后，接下来就是设置 8 月柱形的圆角矩形和动画了。此时需要将 4 月和 7 月柱形的两个圆角矩形设置隐藏动画，面对这样复杂的动画，需要使用"动画窗格"。单击【动画】选项卡中的"动画窗格"按钮，弹出"动画窗格"对话框。

化"动画。

08 选中这两个圆角矩形，单击"添加动画"按钮，单击"退出"分类中的"淡

09 此时再绘制 8 月柱形的圆角矩形，并将其"形状轮廓"设置为"红色"，"粗细"设置为"2.25 磅"。

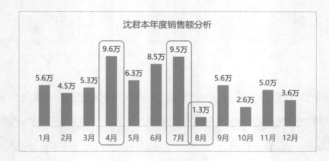

10 选中新插入的圆角矩形，单击【动画】选项卡，为其添加"进入"分类中的"淡化"动画，并将"开始"设置为"上一动画之后"。

在"动画窗格"中的显示如图所示。可以理解为：当第 1 次单击时，图表进入；当第 2 次单击时，两个圆角矩形进入；当第 3 次单击时，两个圆角矩形退出，并在退出后，新的圆角矩形进入。

这样做的目的就是配合演讲时的 3 个内容："这是我本年度的销售情况""4月和 7 月的销售额最高，因为当时恰逢公司产品促销""8 月销售额低，是因为我生病在家休养"。

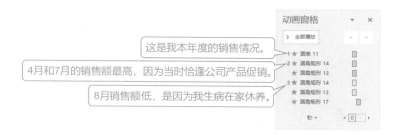

PPT 的动画设置是根据演讲的内容和顺序而定的，核心思想都是突出演讲中的重点。本案例完成后的结果保存在结果文件夹中，名为"柱形图 .pptx"。

2.3 在 PPT 中展示图表的原则

在对图表进行"降噪"和"美化"后，接下来就是突出展示它的重点信息了。上一节介绍的柱形图只有一个数据系列，如果在 PPT 中展示时图表中有两个数据系列，如叠加柱形图包含"销售额"和"指标"两个数据系列，这时在 PPT 中展示有以下 3 种完全不同的方案。

方案一：按时间顺序（"按类别"）呈现。

方案二：按数据系列（"按系列"）来呈现。

方案三：全部一起呈现。全部一起呈现就是把图表作为一个整体来设置动画，这个方案没有什么难度，在职场中主要使用方案一和方案二。

下面将介绍方案一与方案二的不同之处。

方案一：按时间顺序（"按类别"）呈现。

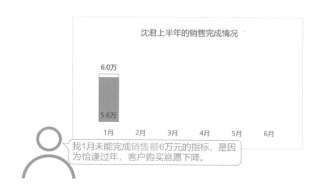

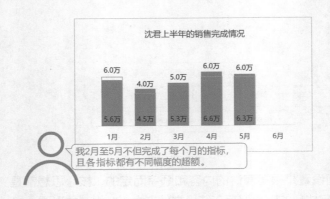

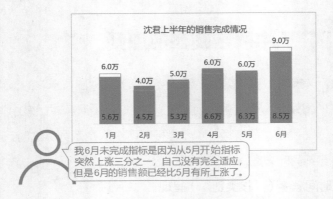

方案二：按数据系列（"按系列"）呈现。

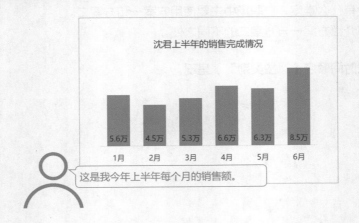

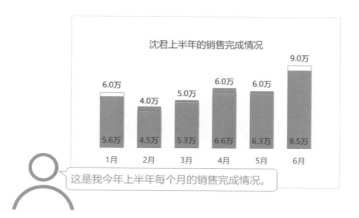

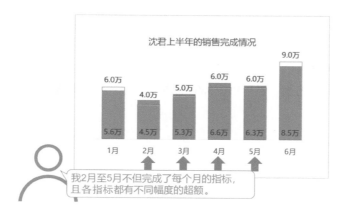

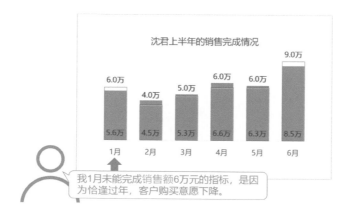

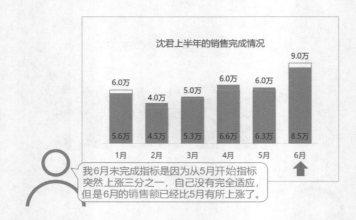

两种方案都表达了相同的数据分析结果。方案一按照时间类别呈现，即根据横轴的数据从左至右依次呈现。方案二则可以理解为是根据数据系列进行呈现的，并且通过 PPT 中的图形额外对数据分析的结果进行呈现，而不用从左至右依次出现；可以先汇报数据较好的 2 月到 5 月，然后再汇报数据不佳的 1 月和 6 月。接下来我们一起制作这两种方案，然后根据你的需求，选择一种你喜欢的方案。

第**3**章

单组数据，时间点少时图表的选取与展示

当需要表示"本公司今年每个季度的销售业绩"时，"今年每个季度"属于"少时间点"，"销售业绩"属于"单组数据"。

"少时间点"指时间点的数量不超过 12 个，可以是若干天，或者是 4 个季度、12 个月等；当时间点的数量超过 12 个时，就属于"多时间点"了。

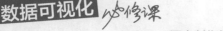

3.1 强调数值——柱形图

若想要实现"本公司今年每个季度的销售业绩"这种单组数据在少时间点的数值展示，通常首选的图表就是柱形图，如下图所示。

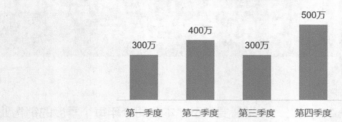

柱形图可以明确地展示单组数据在少时间点的数值变化。

案例

本节的案例是将"沈君本年度每个月的销售额"用图表展示出来，原始数据在"柱形图 .xlsx"文件中。

月份	销售额
1月	56242
2月	45287
3月	52684
4月	95967
5月	62915
6月	85324
7月	95374
8月	12534
9月	56239
10月	26458
11月	49867
12月	35695

经过分析，"本年度每个月"属于"少时间点"，并且"销售额"属于"单组数据"。

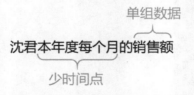

这种单组数据在少时间点的数值展示，首选柱形图，最终图表效果如下。

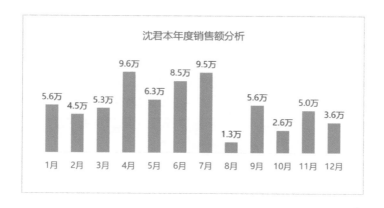

3.1.1　在 Excel 中制作柱形图

打开素材文件夹中的"柱形图 .xlsx"文件，选中需要插入图表的数据区域 B2:C14，然后单击【插入】选项卡，并单击"插入柱形图或条形图"→"簇状柱形图"。

Excel 会根据选择的数据，生成一张柱形图，并且会自动添加图表标题，纵坐标轴也会根据数据的大小自动调整。

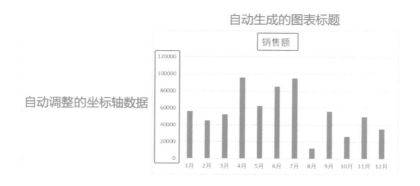

专栏 三维图表不易于数据查看

在插入图表时，除了二维簇状柱形图外，还有三维簇状柱形图。

很多职场人士都会选择三维图表，认为三维图表在视觉上更加立体，给人的感觉更专业。但事实上，在笔者培训过的多家世界五百强公司中，它们都明确规定："不能使用三维图表。"这是为什么呢？

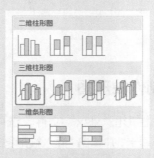

如上述案例中的数据，使用二维图表和三维图表的结果如下图所示。

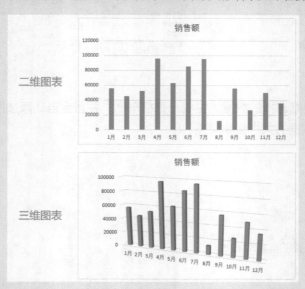

三维图表中有很多线条，它扰乱了图表的显示，增加了数据分析的难度。如果使用这样的图表，用户需要花费更多的时间才能集中注意力进行数据分析。这也是很多人都提倡使用"扁平化图表"（就是使用二维图表，不使用三维图表）的原因。

3.1.2 数据标签，让信息一目了然

Excel 中插入图表是为了能够易于分析，然而下图所示的图表并不能让人明确地看到哪个销售额更高。因为柱形图中的每个柱形都无法精确显示数据，需要通过肉眼观察纵坐标轴的数据，才能估计每个柱形所代表的数字。如有两个数据相近，就像本案例中 4 月与 7 月的数据，那么就不易分辨哪个数据更大。

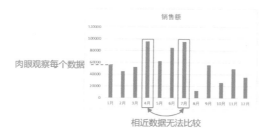

为了解决这个问题，可以在每个柱形上显示数据，这样就可以高效地进行比较和分析了。在柱形图中的任意一个柱形上单击鼠标右键，在弹出的快捷菜单中选择"添加数据标签"命令。

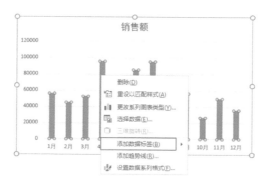

Excel 会在每个柱形的上方显示数据，如下图所示。

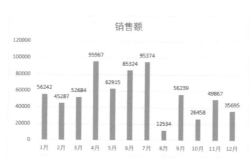

3.1.3 为数据标签设置易于比较的显示格式

借助数据标签可以清楚地看到每个柱形对应的销售额，此时的图表还有一个问题，那就是各月的数据不易于比较。因为每个数据都有 5 位数，需要仔细查看才能分辨出 4 月的"95967"比 7 月的"95374"要大。

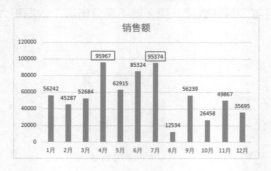

职场经验

如何能够让这些数据易于比较呢？那就需要减少位数，如将"95967"变成"9.6万"，这样更易于数据的比较。

双击任意一个数据标签，弹出"设置数据标签格式"对话框。在对话框中单击标签选项图标 📊 →"数字"，并在"格式代码"中输入"0!.0, 万"，然后单击"添加"按钮。

此时 5 位数字就变成了易于阅读和比较的形式，如下图所示。完成后的结果保存在结果文件夹中，名为"柱形图 .xlsx"。

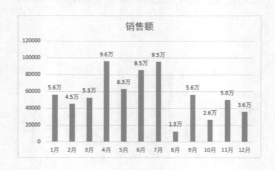

单组数据，时间点少时图表的选取与展示

以下列举了常用的数据显示方式及其对应的代码，只要将这些代码输入标签的格式代码中，即可获得相应的结果。

原始数据	结果数据	使用代码
12345	1.2 万	0!.0,万
12345	12.3 千	0.0,千
12345	12 千	0,千

至此，已经完成了 Excel 图表的制作，可以进行数据分析了。如 4 月和 7 月的销售额是全年中最高的，经过分析发现，是因为 4 月和 7 月公司的促销力度比较大，所以销售额较高；而 8 月销售低迷，是因为销售经理休假。这些分析结果需要在 PPT 中展示出来，并汇报给上司。

3.1.4 在 PPT 中制作用于展示的柱形图

在 PPT 中制作图表有两种方案：一种是直接将 Excel 中的图表复制粘贴到 PPT 中；另一种是先将 Excel 中的数据复制粘贴到 PPT 的图表中，然后再制作图表。

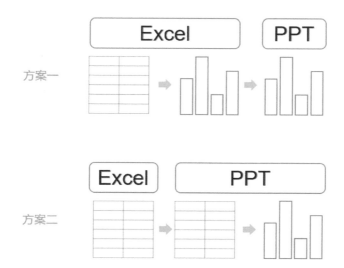

这两种方案有什么区别呢？

在方案一中，Excel 中的图表和 PPT 中的图表所用的数据都来自 Excel 表格，所以 Excel 表格中的数据一旦发生改变，那么 Excel 和 PPT 中的图表都会发生改变。

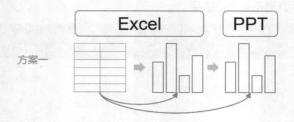

方案一

而对于方案二来说，PPT 中的图表所用的数据并不是来自 Excel 表格，所以当 Excel 表格中的数据发生变化时，PPT 中的图表不会发生改变。

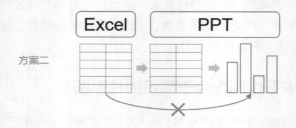

方案二

如果经常会对 Excel 表格中的数据进行修改，使用方案一时，极有可能在自己不知道的情况下，PPT 文件中的图表就发生变化了，而在下次打开这个 PPT 文件时，你会很奇怪："这个图表怎么不是原来的样子了？"

为了防止这样的情况发生，通常在 PPT 中制作图表时都会使用方案二，即重新制作一个图表。

01 新建一个 PPT，单击【插入】选项卡中的"图表"按钮。

02 在弹出的"插入图表"对话框中，默认选择"柱形图"中的"簇状柱形图"，直接单击"确定"按钮即可。

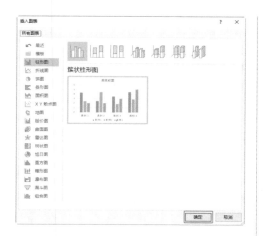

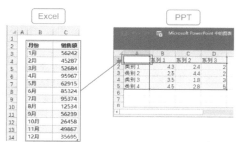

04 将 PPT 数据表格中不需要的 C 列和 D 列删除。

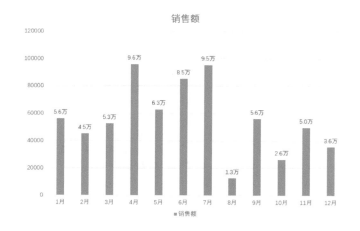

03 PPT 会自动插入图表，并弹出该图表的数据表格，此时将 Excel 的数据区域 B2:C14 复制粘贴到 PPT 的数据表格中。

05 接下来的设置与 Excel 中的设置一样，为柱形图添加数据标签，并设置为易于比较的数字格式，结果如下图所示。

销售额

06 在第 2 章中已经详细介绍了降噪、美化和突出重点这 3 个操作，读者可以参照 2.2 节的内容来美化图表，这里不赘述，调整后的图表效果如下。

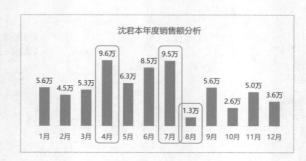

3.1.5 省力而高效，下次直接套用：另存为模板

在 PPT 中，对柱形图做了许多操作，包括在为图表降噪时删除了纵坐标轴、网格线和图例；在美化图表时修改了字体、调整了字号，并调整了间隙宽度（分类间距）。如果下次再进行类似的数据可视化时，这些操作将需要重新进行一次。

而这些机械的操作，完全可以让 PPT 来做，也就是将已经完成设置的柱形图保存为模板，下次遇到类似的数据时，就可以跳过烦琐的设置，直接套用图表了。

职场经验

如何将文件保存为模板呢？

在图表的空白部分单击鼠标右键，在弹出的快捷菜单中选择"另存为模板"命令。在弹出的"保存图表模板"对话框中输入"单组数据在少时间点的数值（柱形图）"，并单击"保存"按钮即可。需要注意的是，不能修改模板的保存路径，否则在下次使用时，PPT 会找不到这个模板。

完成模板的保存后，就可以进行测试了。单击【插入】选项卡中的"图表"按钮，在弹出的"插入图表"对话框中单击"模板"，此时之前保存的柱形图模板已经可以选择并插入了，接下来需要做的仅仅是修改数据。

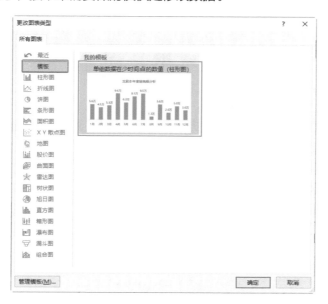

模板有两个特点：第一，它只会保存图表"降噪"和"美化"后的设置，不会保存动画；第二，PPT、Excel 和 Word 是共用模板的，也就是说，下次在 Excel 中插入柱形图时，也可以直接套用模板，从而快速做出专业的图表。

3.2 强调完成量——叠加柱形图

当需要表示"本部门今年每个月业绩指标的完成情况"时，"今年每个月"属于"少时间点"，"业绩指标"属于"单组数据"，而"完成情况"属于"完成量"。

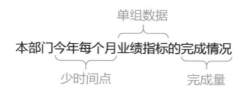

要表示这种单组数据在少时间点的完成量，首选叠加柱形图，图表效果如下。

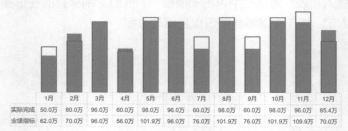

本部门今年每个月业绩指标的完成情况

	1月	2月	3月	4月	5月	6月	7月	8月	9月	10月	11月	12月
实际完成	50.0万	80.0万	96.0万	60.0万	98.0万	96.0万	60.0万	98.0万	60.0万	98.0万	96.0万	85.4万
业绩指标	62.0万	70.0万	96.0万	56.0万	101.9万	96.0万	76.0万	101.9万	76.0万	101.9万	109.9万	70.0万

叠加柱形图可以明确地展示单组数据在少时间点的完成情况。同样，如"本单位近 5 年的预算使用情况"，"近 5 年"属于"少时间点"，"预算"属于"单组数据"，而"使用情况"属于"完成量"。

使用叠加柱形图展示这组数据，如下图所示。

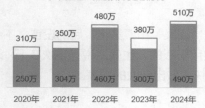

本单位近5年的预算使用情况

又如"公司 A 产品上半年各月的产量与销量的情况"，其实就是"公司 A 产品上半年各月的产品销售完成情况"。"上半年各月"属于"少时间点"，而"产品销售"属于"单组数据"，"完成情况"属于"完成量"。

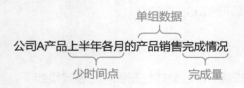

这时首选叠加柱形图，如下图所示。

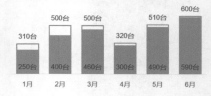

公司A产品上半年各月的产量与销量的情况

案例

本节的案例是将沈君上半年各月的销售指标完成情况用图表展示出来。原始数据在"叠加柱形图 .xlsx"文件中。

月份	销售额	指标
1月	56242	60000
2月	45287	40000
3月	52684	50000
4月	65904	60000
5月	62915	60000
6月	85324	90000

经过分析，"上半年各月"属于"少时间点"，"销售指标"属于"单组数据"，"完成情况"属于"完成量"。

单组数据

沈君上半年各月的销售指标完成情况

少时间点　　　　完成量

要表示这种单组数据在少时间点的完成量，首选叠加柱形图，最终完成的图表如下图所示。

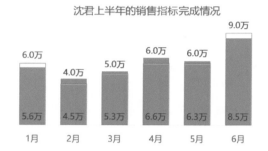

沈君上半年的销售指标完成情况

下面就来一步步完成该图表的制作。

3.2.1 在 Excel 中制作叠加柱形图

如何在 Excel 中制作用于分析的叠加柱形图呢？

01 选中 Excel 中的 B2:D8 单元格区域，单击【插入】选项卡中的"插入柱形图或条形图"按钮，在弹出的下拉列表框中选择"簇状柱形图"选项。

默认情况下"销售额"和"指标"数据被显示为两列，下面要将它们重叠到一起。

02 在任意一个柱形上单击鼠标右键，在弹出的快捷菜单中选择"设置数据系列格式"命令，在弹出的"设置数据系列格式"对话框中将"系列重叠"设置为"100%"。

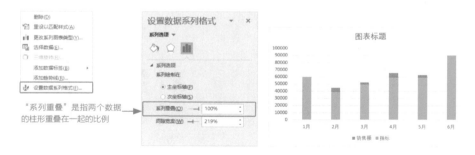

此时，两个数据的柱形已经重叠到一起了，但是代表"指标"的橙色柱形将蓝色的"销售额"柱形遮住了，此时则需要将橙色的柱形设置为"无填充，有边框"。

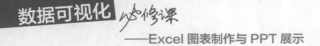
03 单击任意橙色的柱形，单击【格式】选项卡，将"形状填充"设置为"无填充"。

04 将"形状轮廓"设置为橙色，并设置"粗细"为"2.25 磅"。

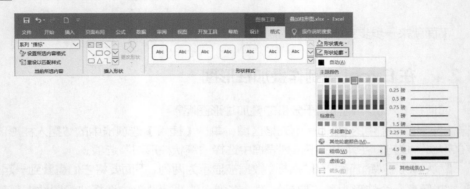

最终的图表如下图所示。

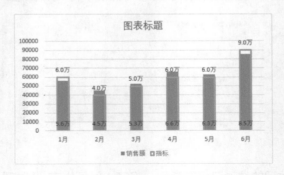

3.2.2 叠加柱形的轮廓颜色如何选择

为什么要为代表"指标"和"销售额"的柱形设置不同颜色的轮廓呢？叠加柱形的轮廓颜色可以设置为相同颜色或不同颜色。只有当实心柱形的高度不超过空心柱形时，需要为二者设置相同颜色。

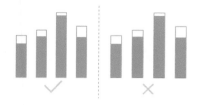 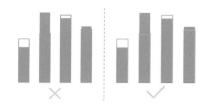

但是当实心柱形的高度超过空心柱形时，则需要为它们设置不同的颜色，目的是区分数据。

在本案例中，"销售额"超过了"指标"，所以需要采用不同颜色。

3.2.3 被遮挡的柱形如何添加数据标签

为了能够让图表的数据易于对比和分析，就需要给图表添加数据标签。首先在任意代表"指标"的柱形上单击鼠标右键，在弹出的快捷菜单中选择"添加数据标签"命令，然后再给"销售额"添加数据标签。可是"销售额"的柱形已经被"指标"的柱形遮挡了，那么如何能够方便地进行选择呢？

01 单击【格式】选项卡，在"图表元素"下拉列表框中选择"系列'销售额'"。

02 此时被遮挡的"销售额"柱形就被选中了，然后将鼠标指针移动到任意柱形的 4 个顶点处，当鼠标指针变为十字形状时单击鼠标右键，在弹出的快捷菜单中选择"添加数据标签"命令。

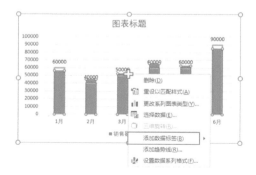

添加完成后发现，两个柱形的数据标签会互相遮挡，影响数据的阅读。

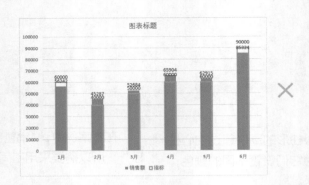

这样会让数据分析变得困难，分不清两个数据中，哪个是销售额，哪个是指标。合理的方法是将实际销售额的数据放到柱形的底部，靠近坐标轴，而指标的数据则靠上显示，这样就能够实现对比了，而且一目了然。

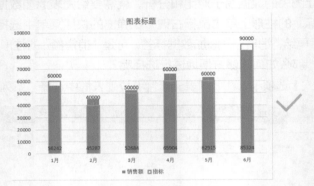

03 双击销售额的数据标签，在弹出的对话框中单击标签选项图标 ▮▮ →"标签选项"，选中"标签位置"中的"轴内侧"单选项。

04 接下来需要将数据标签修改为更加易读的格式。将两组数据标签"数字"中的"格式代码"都改为"0!.0,万"。

更改图表标题，最终结果如下图所示。完成后的结果保存在结果文件夹中，名为"**叠加柱形图 .xlsx**"。

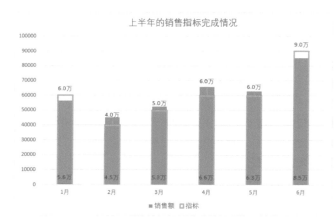

此时在 Excel 中用于分析的叠加柱形图就完成了，通过它可以明确地对比各个数据，并进行分析。如 2 月、3 月、4 月和 5 月都超额完成了指标；而 1 月的销售指标没有完成，是因为恰逢过年，客户购买意愿下降；而 6 月未完成指标是因为从 5 月开始指标突然上涨三分之一，自己没有完全适应，但是 6 月销售额已经比 5 月有所上涨了。

3.2.4　在 PPT 中制作用于展示的叠加柱形图

01　创建图表。新建一个 PPT，并插入簇状柱形图，然后将 Excel 中的数据复制粘贴到 PPT 的图表数据中，并删除不需要的数据，生成的图表如下图所示。

02　将两个数据系列重叠。双击数据系列，弹出"设置数据系列格式"对话框，在"系列选项"中将柱形的"系列重叠"设置为"100%"。

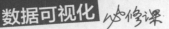

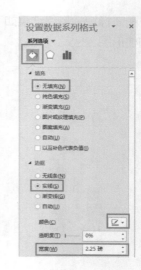

03 单击代表"指标"系列的柱形，再单击填充与线条图标 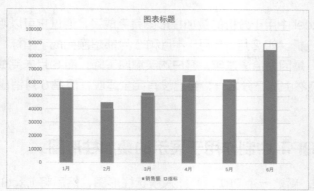→"填充"，选中"无填充"单选项；在"边框"选项中选中"实线"单选项，并设置"颜色"为"橙色"，"宽度"为"2.25 磅"。

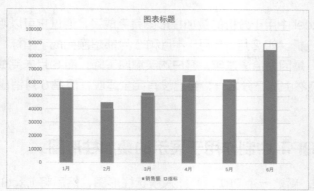

04 添加置于轴内侧的数据标签。在代表"销售额"系列的柱形上单击鼠标右键，在弹出的快捷菜单中选择"添加数据标签"命令，在弹出的"设置数据标签格式"对话框中添加置于轴内侧的数据标签，并设置为"0!.0,万"的数字显示格式。同理，给代表"指标"系列的柱形添加默认的数据标签并设置为"0!.0,万"的数字显示格式。

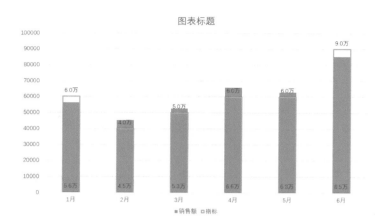

05 接下来就要为PPT图表进行"降噪""美化""突出重点"了。首先删除叠加柱形图的纵坐标、网格线和图例，如下图所示。

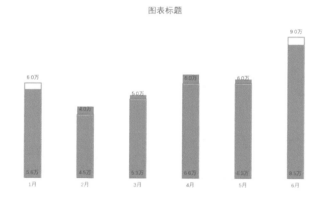

> **职场经验**
>
> 为什么要删除图例呢？
> 图表中有两组数据，没有图例不会造成无法分辨吗？之所以能够删除图例，是因为在PPT中的图表是配合着汇报人的讲解一起展示给上司或客户的，更何况叠加柱形图本身已经一目了然：中空的柱形代表指标，而实体的柱形代表实际销售额。

06 将图表的"字体"修改为"微软雅黑"，并将"字号"设置为"24"，调整"间隙宽度"为"60%"，这样可以将数据标签放置在柱形内。通常叠加柱形图的"间隙宽度"为20%~100%，图表效果如下。

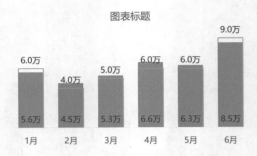

07 由于 2 月、3 月、4 月和 5 月的销售额超过指标，所以蓝色的柱形会与指标的数据标签有重叠部分，需要手动拖动每个数据标签。

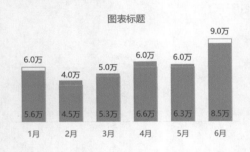

08 在拖动后，PPT 会给每个脱离原有位置的数据标签添加引导线。这时可以双击数据标签，进入"设置数据标签格式"对话框，单击标签选项图标  →

"标签选项"，取消选中"标签包括"选项中的"显示引导线"复选框即可。

09 修改图表标题后，将图表保存为"单组数据在少时间点的完成量（叠加柱形图）"的模板，以便下次使用。

3.2.5 展示技巧：业绩前期好，就根据时间顺序来展示数据

按时间顺序来展示数据的效果请参见 2.3 节。对应的动画设置步骤如下。

01 首先为图表设置动画效果。选中图表，选择【动画】选项卡下"进入"分类中的"擦除"动画。

02 默认情况下，"擦除"动画会将叠加柱形图的所有图形都看成一个整体。如果想要制作方案一：按时间顺序呈现，则单击"效果选项"按钮，在弹出的下拉列表框中选择"按类别"选项。

03 在弹出的"动画窗格"对话框中单击"下箭头" ，发现图表的各元素被拆分为多个"分类"，它们就是数据中的"1月""2月""3月"等。

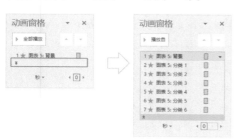

04 由于2月、3月、4月和5月都完成了指标，需要同时出现，所以这里选择第4、5、6个动画。

05 将【动画】选项卡中的"开始"设置为"上一动画之后"即可。

此时"动画窗格"中的动画如下图所示。

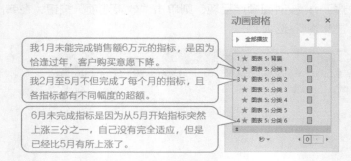

需要注意的是，图表中的各个类别不能调整顺序，只能从左至右依次出现。

3.2.6 展示技巧：总体完成情况好，就根据数据系列来展示数据

01 如果想要制作方案二：按数据系列呈现，则单击"效果选项"按钮，并在弹出的下拉列表框中选择"按系列"选项。

02 此时"动画窗格"对话框中的动画如右图所示。叠加柱形图会根据图表的数据顺序，先出现"销售额"，再出现"指标"，但这个顺序不能在动画中进行调整。

03 接下来就要为每个月的柱形添加说明。在 2.2.3 小节介绍的案例中，使用了圆角矩形作为突出重点数据的方式，而在叠加柱形图中，"指标"的镂空柱形与圆角矩形非常相似，很容易混淆，所以这里改用箭头解决这个问题。

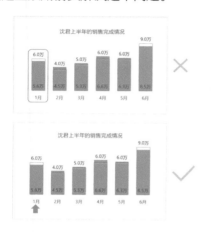

04 单击【插入】选项卡中的"形状"按钮，在弹出的下拉列表框中选择"箭头：上"选项，并进行绘制。

05 选中绘制的箭头，将"形状填充"设置为深红色。

06 将"形状轮廓"设置为"无轮廓"。

07 复制箭头，并分别粘贴在各个月份的下方，如下图所示。

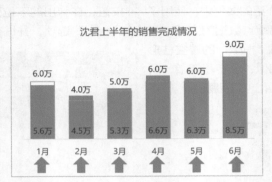

08 为了方便动画的设置，需要组合 2 月、3 月、4 月和 5 月的箭头。选中它们并单击鼠标右键，在弹出的快捷菜单中选择"组合"→"组合"命令，进行组合。

09 为 2—5 月的箭头组合设置"进入"分类中的"淡化"动画，然后再为其设置"退出"分类中的"淡化"动画；为 1 月的箭头设置"进入"分类中的"淡化"动画，并将"开始"设置为"上一动画之后"，然后再为它设置"退出"分类中的"淡化"动画；最后为 6 月的箭头设置"进入"分类中的"淡化"动画，并将"开始"设置为"上一动画之后"。最终"动画窗格"对话框如下图所示。

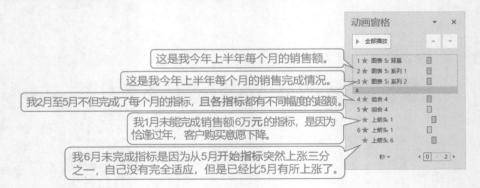

本案例完成后的结果保存在结果文件夹中，名为"**叠加柱形图 .pptx**"。

专栏 **如果数据标签放不下，就用数据表**

数据标签可以将数据一清二楚地展示在图表上，但是数据较多时，叠加柱形图中的柱形较小，难以将数据标签全部放到柱形中，如下图所示。

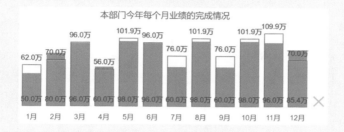

这时可以用数据表代替数据标签，如下图所示。

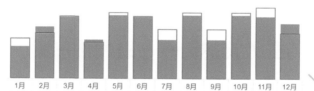

职场经验

如何为图表添加数据表呢？

选中图表，单击【设计】选项卡中的"添加图表元素"按钮，在弹出的下拉列表框中选择"数据表"中的"无图例项标示"即可。

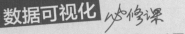

需要注意的是，只有当数据标签无法完全展示时才使用数据表，毕竟数据表没有数据标签那么直观；而且数据表和数据标签不能同时出现，否则会给查看图表的人带来困扰：这么多数据，我该看哪个？

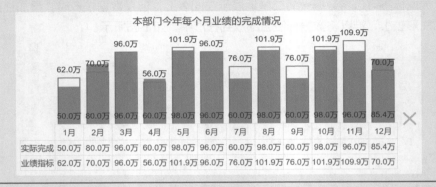

3.3 强调多级完成量——层叠柱形图

当需要表示"下半年每个月公司总销售额中，我所在的部门贡献多少，我贡献多少"时，"下半年每个月"属于"少时间点"，"总销售额"属于"单组数据"，"公司总销售额中、我所在的部门贡献多少和我贡献多少"属于"多级完成量"。

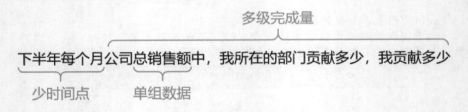

要表示这种单组数据在少时间点的多级完成量，通常首选层叠柱形图，图表效果如下。

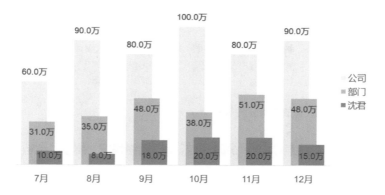

层叠柱形图可以清楚地显示单组数据在少时间点的多级完成量。同样，如"本年度各季度客户投诉人数在总公司、上海分公司、黄浦区和我部门的情况"，"本年度各季度"属于"少时间点"，而"客户投诉人数"属于"单组数据"，"总公司、上海分公司、黄浦区和我部门的情况"属于"多级完成量"。

多级完成量

本年度各季度客户投诉人数在总公司、上海分公司、黄浦区和我部门的情况

少时间点　　单组数据

使用层叠柱形图展示这组数据，如下图所示。

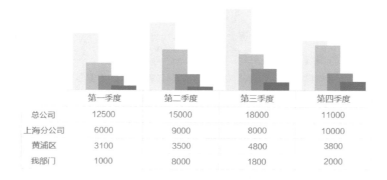

	第一季度	第二季度	第三季度	第四季度
总公司	12500	15000	18000	11000
上海分公司	6000	9000	8000	10000
黄浦区	3100	3500	4800	3800
我部门	1000	8000	1800	2000

案例

本节的案例是将"本公司产品各季度在全国、华北地区和北京的销售情况"用图表展示出来，原始数据在"层叠柱形图 .xlsx"文件中。

季度	全国	华北地区	北京
第一季度	241362	150400	111380
第二季度	355325	217936	172550
第三季度	416944	254876	182210
第四季度	326310	139240	100528

经过分析，"各季度"属于"少时间点"，"销售情况"属于"单组数据"，"全国、华北地区和北京"属于"多级完成量"。

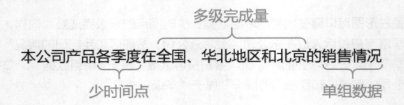

要表示这种单组数据在少时间点的多级完成量，首选层叠柱形图。最终完成的图表如下图所示。

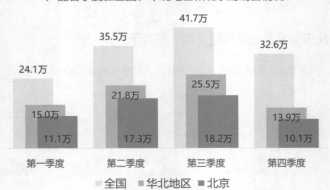

产品各季度在全国、华北地区和北京的销售情况

下面就来一步步完成该图表的制作。

3.3.1　在 Excel 中制作层叠柱形图

选中"层叠柱形图 .xlsx"文件中的 B2:E6 单元格区域，插入簇状柱形图。然

后双击任意柱形，在弹出的"设置数据系列格式"对话框中，将"系列重叠"设置为"70%"，"间隙宽度"设置为"40%"。

　　"系列重叠"与"间隙宽度"在图表中的值设置为多少合适？

　　通常不会在Excel中设置"间隙宽度"，因为调整"间隙宽度"属于美化图表的功能，对数据分析没有什么大的作用。但是在层叠柱形图中，如果每个柱形很"瘦"，那么数据标签将无法放到柱形的内部。因此，通常在层叠柱形图中，将"系列重叠"设置为30%~70%，"间隙宽度"设置为20%~100%。

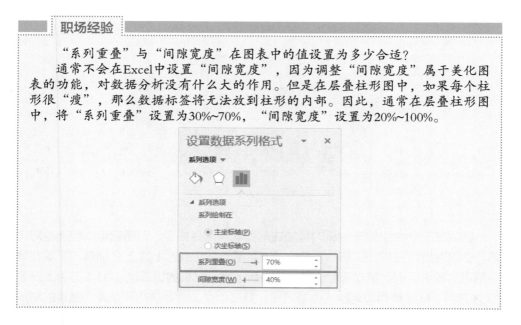

下面为每个柱形设置数据标签。为了不出现重叠的现象，会将最高柱形的数据标签位置设置为"数据标签外"，中等高度的柱形的数据标签位置设置为"数据标签内"，最矮柱形的数据标签位置设置为"轴内侧"（可参照 3.2.3 小节）。结果如下图所示。

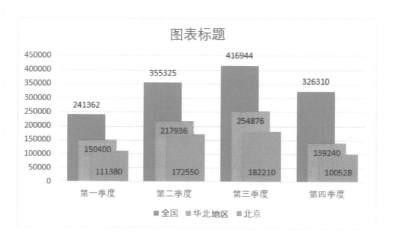

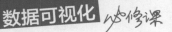

将每个数据标签的"格式代码"都设置为"0!.0, 万"（可参照 3.1.3 小节），最终结果如下图所示。完成后的结果保存在结果文件夹中，名为"层叠柱形图 .xlsx"。

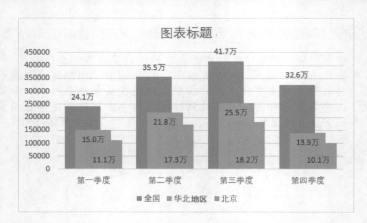

此时在 Excel 中用于分析的叠加柱形图就制作完成了。利用它可以明确地对比各个数据并进行分析。如第一季度全国销量不佳，北京的 11.1 万台销量占了华北地区销量的较大比例；第二季度全国销量有所上升，北京的销量也从 11.1 万台上升至 17.3 万台，继续作为华北地区销量冠军；第三季度全国销量达到顶峰，北京的销量也继续保持增长；第四季度临近年关，全国销量有所回落，华北地区降幅较大，但北京的 10.1 万台销量相较于其他地区仍稳居榜首。

3.3.2　PPT 中层叠柱形图的用色技巧

新建一个 PPT，并插入簇状柱形图，然后将 Excel 表格中的数据复制粘贴到 PPT 的图表数据中。

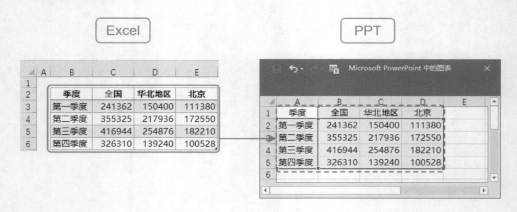

参照 3.2.4 小节，将柱形的"系列重叠"设置为"70%"，"间隙宽度"设置为"40%"；并给 3 个数据系列分别添加数据标签，标签位置从高到低依次设置为"数据标签外""数据标签内""轴内侧"；最后将所有数据标签设置为"0!.0,万"的数字显示格式，结果如下图所示。

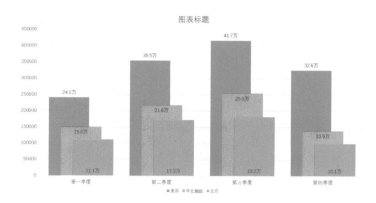

对于层叠柱形图来说，默认每个数据系列都会以不同的颜色进行呈现，在进行展示时，很容易让查看图表的上司或者客户造成误解：这是 3 个不同的数据，并没有"多级完成量"的关系。为了消除这样的误解，在层叠柱形图中，通常都会以同一色系的深浅表示"多级完成量"——将最高的柱形设置为浅色，然后从高至低依次加深颜色，结果如下图所示。

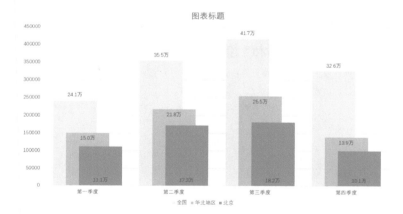

如何设置呢？

单击需要设置的数据系列的柱形，然后单击【格式】选项卡中的"形状填充"按钮，在弹出的下拉列表框中选择的 3 种颜色如图所示。

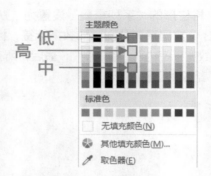

接下来就要为 PPT 中的图表进行"降噪""美化"，并突出它的"重点"了。首先删除层叠柱形图的纵坐标、网格线和图例，如下图所示。

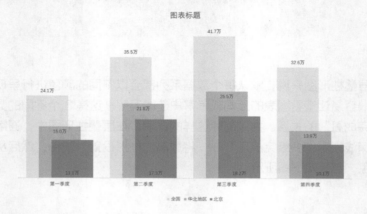

修改标题后，将图表的"字体"设置为"微软雅黑"，"字号"设置为"24"，并调整图表的比例，如下图所示。

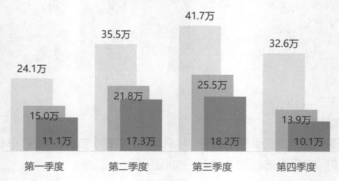

产品各季度在全国、华北地区和北京的销售情况

将图表保存为名为"单组数据在少时间点的多级完成量（层叠柱形图）"的模板，以便下次使用。

3.3.3 展示技巧：按时间顺序呈现或按数据系列呈现

为层叠柱形图进行"降噪"和"美化"后，接下来就是突出展示它的重点信息了。层叠柱形图展示重点信息的方式与叠加柱形图类似，有两种常用的方案：方案一，按时间顺序呈现；方案二，按数据系列呈现。

我们一起来看这两个方案有什么不同之处。首先是方案一：按时间顺序呈现。

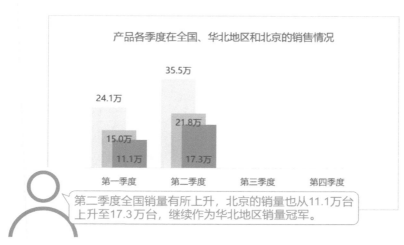

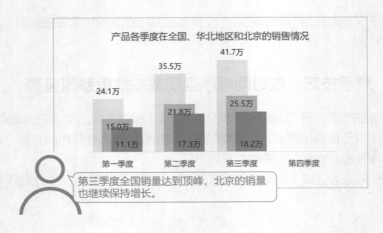

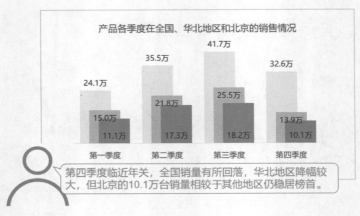

其次是方案二：按数据系列呈现。

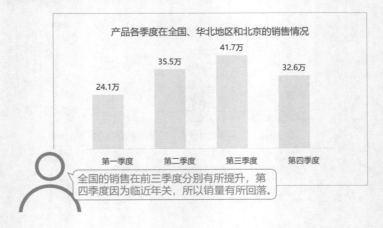

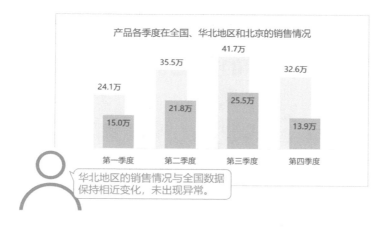

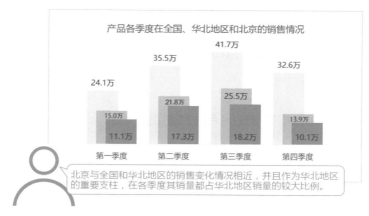

我们可以根据自己的需求在两种方案中选择合适的一种，只需要修改标题，并为层叠柱形图设置"进入"分类中的"擦除"动画。方案一和方案二的设置分别是"效果选项"中的"按类别"和"按系列"。

本案例完成后的结果保存在结果文件夹中，名为"层叠柱形图 .pptx"。

3.4 描述某时间点的多级完成率或完成量——漏斗图

当需要表示"2020 年第一季度公司、部门与我的销售情况"时，"2020 年第一季度"属于"单时间点"，"销售情况"属于"单组数据"，"公司、部门与我的销售情况"属于"多级完成量"。

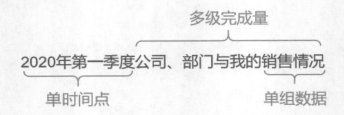

要表示这种单组数据在单时间点内的多级完成量，首选漏斗图，结果如下图所示。

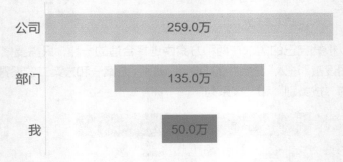

"漏斗图"就是像漏斗一样，条形从上至下一层层逐渐变短的图。漏斗图可以明确地显示单组数据在单时间点的多级完成率情况。同样，如"本年度客户投诉人数在总公司、上海分公司、黄浦区和我部门的占比情况"，"本年度"属于"单时间点"，"客户投诉人数"属于单组数据，"总公司、上海分公司、黄浦区和我部门的占比情况"属于"多级完成率"。

多级完成率

本年度客户投诉人数在总公司、上海分公司、黄浦区和我部门的占比情况

单时间点 单组数据

使用漏斗图展示这组数据，如下图所示。

本年度客户投诉人数在总公司、上海分公司、黄浦区和我部门的占比情况

总公司	100%
上海分公司	48%
黄浦区	25%
我部门	8%

可以发现，不管是多级完成量，还是多级完成率，都可以使用漏斗图来完成展示。

案例

本节的案例是将"2020 年度产品五级销售路径"用图表展示出来，原始数据在"漏斗图 .xlsx"文件中。

阶段	人数
目标客户市场	5000000
广告送达客户	2000000
初步意向客户	1300000
愿意购买客户	700000
实际购买客户	500000

经过分析，"2020 年度"属于"单时间点"，"销售"属于"单组数据"，"五级销售路径"属于"多级完成量"。

多级完成量

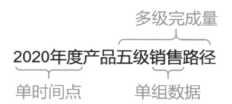

2020年度产品五级销售路径

单时间点 单组数据

要表示这种单组数据在单时间点的多级完成量，首选漏斗图。最终完成的图表

如下图所示。

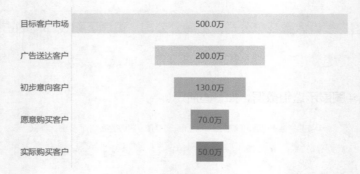

下面就来一步步完成该图表的制作。

3.4.1 在 Excel 中制作条形图

在文件"漏斗图 .xlsx"中选中 B2:C7 单元格区域，单击【插入】选项卡中的"查看所有图表"按钮，弹出"插入图表"对话框，选择"漏斗图"，单击"确定"按钮。

修改图表标题后再添加数据标签，并将数据标签设置为"0!.0, 万"的数字显示

格式即可，图表如下图所示。完成后的结果保存在结果文件夹中，名为"漏斗图.xlsx"。

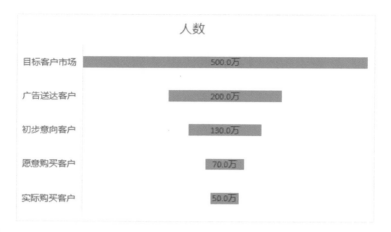

通过漏斗图进行分析，发现目标客户市场到实际购买客户的五级步骤中层层递减，实际购买客户是目标客户市场的十分之一。

3.4.2 呈现漏斗图的分析结果

在 PPT 中插入漏斗图，并将 Excel 中的数据复制粘贴到 PPT 的图表数据中。

将数据标签设置为"0!.0, 万"的数字显示格式后，接下来就要给图表进行"降噪""美化""突出重点"了。将图表的"字体"设置为"微软雅黑"，"字号"设置为"20"；单击图表中的条形，在"设置数据系列格式"对话框中将"间隙宽度"设置为"60%"。

适当调整图表比例，图表效果如下。

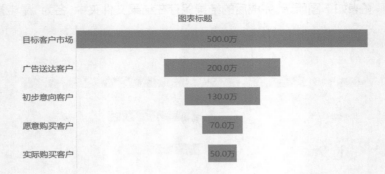

然后按照从上至下的顺序，给每一级的条形设置由浅到深的颜色，如下图所示。

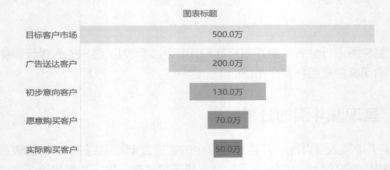

　　将图表保存为名为"单组数据在单时间点的多级完成量或完成率（漏斗图）"的模板，以便下次使用。

　　漏斗图的动画"效果选项"不能设置为"按类别"或"按系列"，所以它的常用呈现方法如下。

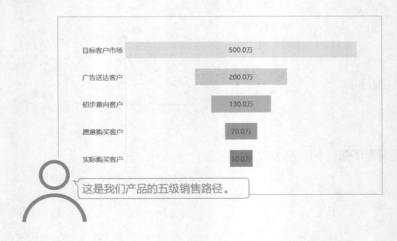

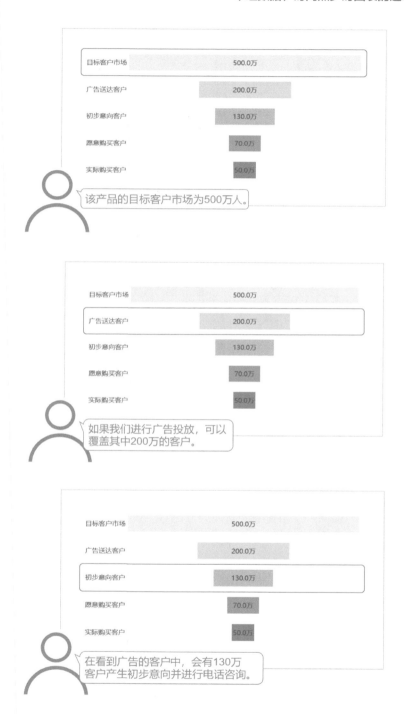

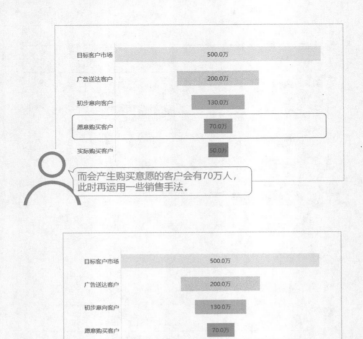

如何实现这些效果呢？绘制 5 个红色轮廓的圆角矩形，并为其设置"淡入"动画效果即可。本案例完成后的结果保存在结果文件夹中，名为"漏斗图.pptx"。

3.5 按数值大小展示完成量——叠加条形图

案例

本节的案例是将"2020 年各产品的销量与产量"用图表来展示，原始数据在"叠加条形图.xlsx"文件中。

产品	销量	产量
冰箱	489122	511681
洗衣机	251030	284615
电视	1543337	1568432
空调	712053	748742
洗碗机	888629	976516
消毒柜	845486	985416
烤箱	1764066	1986561

对这样的数据进行分析时，采用的是叠加条形图，如下图所示。

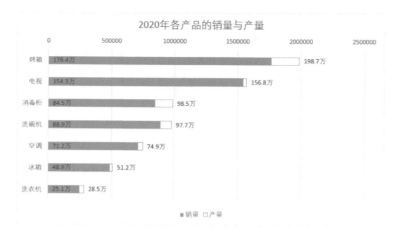

职场经验

为什么不使用叠加柱形图而使用叠加条形图呢？

虽然将叠加柱形图顺时针旋转90°以后就是叠加条形图了，但是它们的应用却完全不同。叠加柱形图往往用于各时间点的数据对比，各数据按照时间排序；而叠加条形图则往往用于数据大小的对比，需要按大小对数据进行排序。

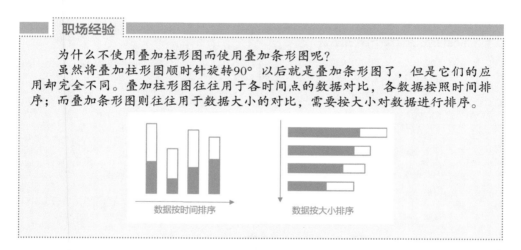

01 在本案例中，先将数据进行降序排列。选中产量的 D2 单元格，单击【数据】选项卡中的"降序"按钮。

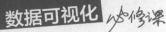

02　单击【插入】选项卡的"插入柱形图或条形图"按钮，再选择"二维条形图"中的"簇状条形图"。

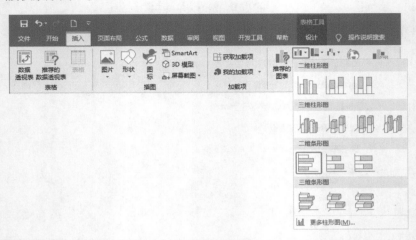

插入的条形图如下图所示。

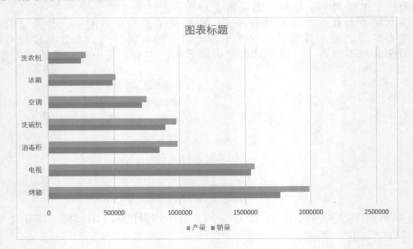

　　虽然在 Excel 数据中已经设置了按产量降序排列，但是在条形图中数据仍然是按照从小到大的顺序排列的。此时并不需要修改 Excel 数据的排序方式，只需修改一下坐标轴的显示方式即可，方法如下。

03　双击纵坐标轴，在弹出的"设置坐标轴格式"对话框中，单击坐标轴选项图标 ▥ →"坐标轴选项"，选中"逆序类别"复选框。

04 双击任意条形，弹出"设置数据系列格式"对话框，将"系列重叠"设置为
"100%"；然后将橙色条形的"形状填充"设置为"无填充"，"形状轮廓"设
置为蓝色，并给实心的条形设置位置为"轴内侧"的数据标签，空心的条形设置位
置为"数据标签外"的数据标签。最后将标签设置为"0!.0,万"的数字显示格式，
修改标题后的最终结果如下图所示。完成后的结果保存为"叠加条形图.xlsx"。

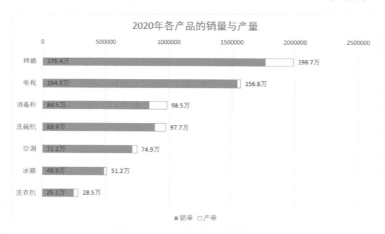

通过以上叠加条形图，可以很容易看到烤箱的产量为 198.7 万台，销量为
176.4 万台。经过分析，可能是因为市场营销不足，所以产品未能全部售出而导致
积压。

3.6 描述完成率——百分比叠加柱形图

当需要表示"本单位近 5 年的预算百分比使用情况"时，"近 5 年"属于"少时间点"，"预算"属于单组数据，而"百分比使用情况"属于"完成率"。

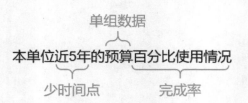

要表示这种单组数据在少时间点的完成率，通常首选百分比叠加柱形图，如下图所示。

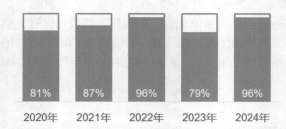

百分比叠加柱形图可以明确地展示单组数据在少时间点的完成率情况。同样，如"本部门今年每个月业绩指标的完成率"，"今年每个月"属于"少时间点"，而"业绩指标"属于单组数据。

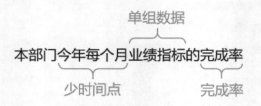

使用百分比叠加柱形图展示这组数据，图表效果如下。

本部门今年每个月业绩指标的完成情况

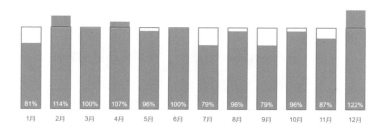

81%	114%	100%	107%	96%	100%	79%	96%	79%	96%	87%	122%

1月 2月 3月 4月 5月 6月 7月 8月 9月 10月 11月 12月

案例
　本节的案例是将"产品上半年各月的产量完成率"用图表展示出来，原始数据在"百分比叠加柱形图.xlsx"文件中。

月份	销售量	产量
1月	2500	3100
2月	4000	5000
3月	4600	5000
4月	3000	3200
5月	4900	5100
6月	5900	6000

　经过分析，"上半年各月"属于"少时间点"，并且"产量"属于"单组数据"，"完成率"属于"完成率"。

单组数据

产品上半年各月的产量完成率

少时间点　　　完成率

　要表示这种单组数据在少时间点的完成率，首选百分比叠加柱形图，如下图所示。

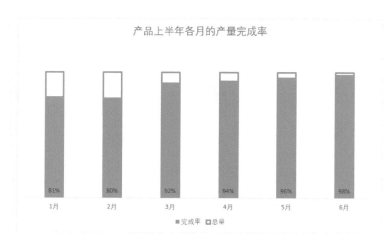

产品上半年各月的产量完成率

81%	80%	92%	94%	96%	98%

1月　　2月　　3月　　4月　　5月　　6月

■完成率 □总量

　下面就来一步步完成该图表的制作。

3.6.1 借助辅助列制作百分比叠加柱形图

对于百分比叠加柱形图来说，Excel 无法直接在柱形图中计算百分比，所以需要制作图形的辅助数据。

01 单击 F3 单元格，输入公式"=C3/D3"，然后自动填充至 F8 单元格。

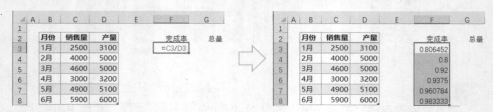

02 将 F2:F8 单元格区域的数字格式设置为"百分比"。在【开始】选项卡中的"数字格式"下拉列表框中，选择"百分比"；然后单击【开始】选项卡的"减少小数位数"按钮两次，不显示百分比的小数位。

03 在 G3:G8 单元格区域中输入 1，代表总量 100%。

04 选中 B2:B8 和 F2:G8 单元格区域，插入簇状柱形图。与叠加柱形图的设置一样，将"系列重叠"设置为"100%"，并设置总量柱形的"形状填充"为"无填充"，"形状轮廓"为蓝色，"粗细"为"2.25 磅"。由于此案例的数据中，销售量没有超过产量，所以两类柱形的颜色都使用了蓝色，如下图所示。

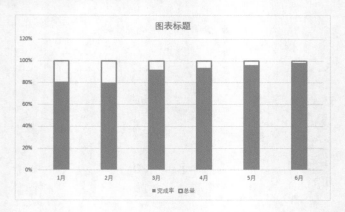

05 在为"销售量"添加数据标签时，无法选择柱形，此时单击【格式】选项卡，在"图表元素"下拉列表框中选择"系列'完成率'"。

06 此时再添加数据标签，并将数据标签的位置设置为"轴内侧"，即可完成Excel中百分比叠加柱形图的制作。修改标题后的图表如下图所示，将其保存为"百分比叠加柱形图.xlsx"。

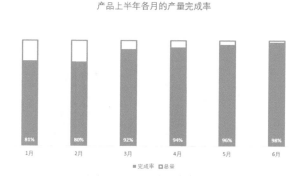

此时在Excel中用于分析的百分比叠加柱形图就完成了，通过它可以一清二楚地对比各个数据，并进行分析。如由于临近过年，产品在1月销售了81%的产量；在2月不但消化了1月的剩余产量，还销售了当月80%的产量；3月市场开始回暖，产品销售不但消化了上个月的库存，还完成了当月销售任务的92%，这与精准的产量预估密不可分；4月继续保持90%以上的产品消化能力，比上一月还上涨了2个百分点；5月和6月产品持续维持90%以上的产量消化能力，再次证明产量预估体系的科学、精准。从上半年整体向上的各月产量消化情况来看，产量预估非常精准，产品销售情况非常好。

3.6.2 数据标签颜色只能有一种

在本节案例的百分比叠加柱形图中，将数据标签设置为白色，为的是能够在蓝色的形状填充上突显数字，但是为什么不在叠加柱形图中使用呢？假设在叠加柱形图中也将数据标签设置为白色，则图表效果如下。

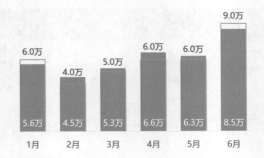

　　实心柱形的数据标签为白色，而空心柱形的数据标签不能为白色，因为它的背景是白色，设置为白色就无法辨识了。单独看某一个数据标签并没有什么问题，但是在同时看两个数据标签进行对比时，却发现一个是黑色，另一个是白色，注意力很容易被分散，实际效果就没有全部为黑色更易于对比。

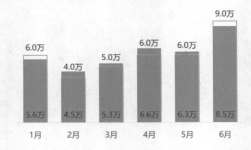

　　而在百分比叠加柱形图中，只有一种数据标签，不存在比较，所以使用醒目的白色，将更易于图表展示。

3.6.3　展示技巧：按时间顺序呈现百分比叠加柱形图

　　接下来就要为 PPT 的图表进行"降噪""美化""突出重点"了。首先删除层叠柱形图的纵坐标、网格线和图例；然后将图表的"字体"设置为"微软雅黑"，"字号"设置为"24"，"间隙宽度"设置为"100%"，并将数据标签的颜色设置为"白色"，如下图所示。

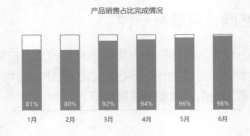

完成"降噪"和"美化"后，接下来就是突出展示它的重点信息了。百分比叠加柱形图的总量都是一样的，都是 100%，所以一般按照时间顺序进行呈现。

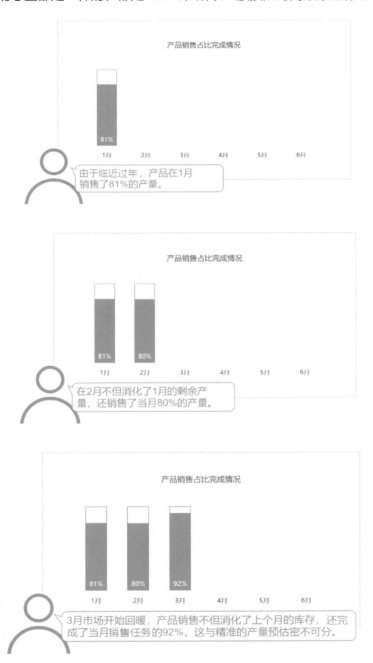

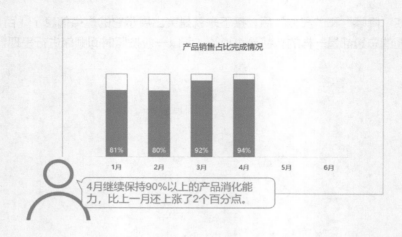

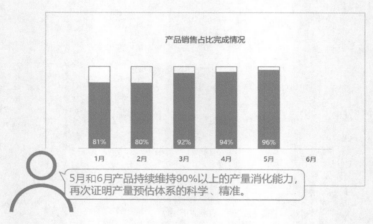

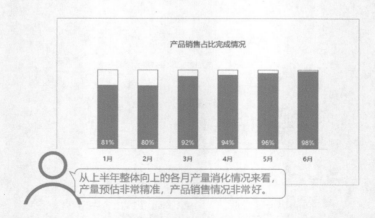

　　如何实现这种呈现方式呢？为百分比叠加柱形图设置"进入"分类中的"擦除"动画，并将"效果选项"设置为"按类别"即可。

本案例完成后的结果保存在结果文件夹中，名为"百分比叠加柱形图.pptx"。

 3.7 **描述多级完成率——百分比层叠柱形图**

当需要表示"下半年每个月公司总销售额中，我所在的部门贡献占比多少，我贡献占比多少"时，"下半年每个月"属于"少时间点"，"总销售额"属于"单组数据"，"公司总销售额中，我所在的部门贡献占比多少，我贡献占比多少"属于"多级完成率"。

要表示这种单组数据在少时间点的多级完成率，通常首选百分比层叠柱形图，如下图所示。

下半年公司、部门与我的销售情况

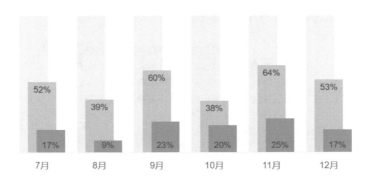

层叠柱形图可以明确地展示单组数据在少时间点的多级完成率情况。同样，如"本年度各季度客户投诉人数在总公司、上海分公司、黄浦区和我部门的占比情况"，"本年度各季度"属于"少时间点"，"客户投诉人数"属于"单组数据"，"总公司、上海分公司、黄浦区和我部门的占比情况"属于"多级完成率"。

多级完成率

本年度各季度客户投诉人数在总公司、上海分公司、黄浦区和我部门的占比情况

少时间点　　单组数据

使用百分比层叠柱形图展示这组数据，如下图所示。

本年度总公司、上海分公司、黄浦区和我部门的客户投诉人数

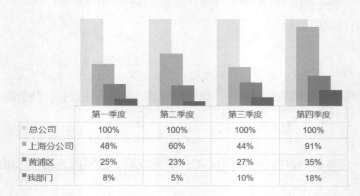

	第一季度	第二季度	第三季度	第四季度
总公司	100%	100%	100%	100%
上海分公司	48%	60%	44%	91%
黄浦区	25%	23%	27%	35%
我部门	8%	5%	10%	18%

案例

　　本节的案例是将"本公司产品各季度在全国和华南地区的市场占有率"用图表展示出来。原始数据在"百分比层叠柱形图 .xlsx"文件中。

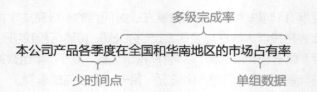

季度	全国总量	华南总量	产品销量
第一季度	8549621	2152448	1044185
第二季度	9869848	2546894	1244889
第三季度	9959745	2359847	1348984
第四季度	8726856	2021982	1459895

　　经过分析，"各季度"属于"少时间点"，"市场占有率"属于"单组数据"，"在全国和华南地区的市场占有率"属于"多级完成率"。

多级完成率

本公司产品各季度在全国和华南地区的市场占有率

少时间点　　　　　　单组数据

　　要表示这种单组数据在少时间点的多级完成率，首选百分比层叠柱形图。最终

完成的图表如下图所示。

产品在华南与全国的市场占有率

对于百分比层叠柱形图来说，Excel 无法直接在柱形图中计算百分比，所以需要制作图形的辅助数据。

在 G3:G6 单元格区域中输入 1，代表 100%，在 H3 单元格中输入公式"=D3/C3"，代表华南总量在全国总量中的占有率，然后在 I3 单元格中输入公式"=E3/C3"，代表产品在全国总量中的占有率，并分别将两个公式自动填充至 H6 单元格和 I6 单元格。

	季度	全国总量	华南总量	产品销量		全国总量	华南占有率	产品占有率
3	第一季度	8549621	2152448	1044185		1	0.25175946	0.12213231
4	第二季度	9869848	2546894	1244889		1	0.25804795	0.12613051
5	第三季度	9959745	2359847	1348984		1	0.2369385	0.13544363
6	第四季度	8726856	2021982	1459895		1	0.2316965	0.16728762

然后将 H3:I6 单元格区域的"数字格式"设置为"百分比"，并去除小数位。

	季度	全国总量	华南总量	产品销量		全国总量	华南占有率	产品占有率
3	第一季度	8549621	2152448	1044185		1	25%	12%
4	第二季度	9869848	2546894	1244889		1	26%	13%
5	第三季度	9959745	2359847	1348984		1	24%	14%
6	第四季度	8726856	2021982	1459895		1	23%	17%

选中 B2:B6 和 G2:I6 单元格区域，插入簇状柱形图。将"系列重叠"设置为"60%"，"间隙宽度"设置为"50%"，并为华南地区占有率添加标签位置在"数据标签内"的数据标签，给产品占有率添加标签位置在"轴内侧"的数据标签（可参照 3.2.3 小节），图表效果如下。完成后的结果保存在结果文件夹中，名为"百

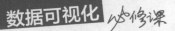

分比层叠柱形图 .xlsx"。

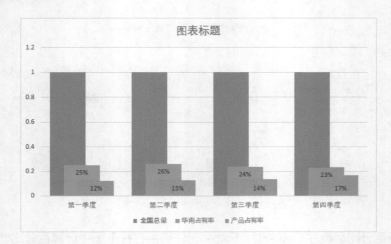

此时在 Excel 中用于分析的层叠柱形图就制作完成了,通过它可以明确地对比各个数据,并进行分析。如全国四个季度的数据中,华南地区的总量维持在全国总量的 1/4 左右,而我公司产品在全国的市场占有率稳步增长,从 12% 上升至 17%。

在 PPT 中使用同样的方法创建图表,并对图表进行"降噪""美化""突出重点"。首先删除层叠柱形图的纵坐标、网格线和图例。然后将图表的"字体"设置为"微软雅黑","字号"设置为"24",并将各个柱形的颜色依次设置为由浅到深的蓝色,结果如下图所示。

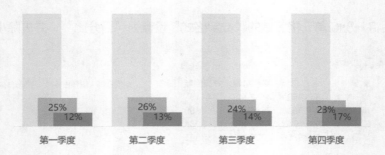

此时发现调整字体后,由于华南地区的完成率与产品完成率较为接近,数据难以辨识,所以将华南地区的"标签位置"设置为"数据标签外",修改图表标题,效果如下。

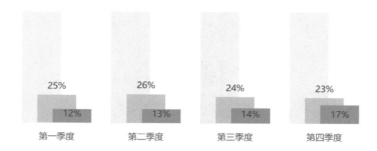

产品在华南与全国的市场占有率

在 PPT 中呈现图表时，有两种常用的呈现方案：方案一，按时间顺序呈现；方案二，按数据系列呈现。而本案例数据分析的结果更适合"按数据系列呈现"。

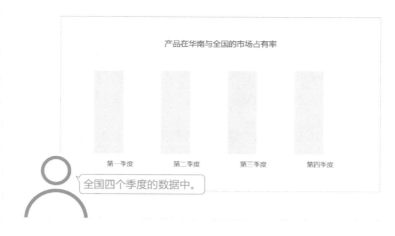

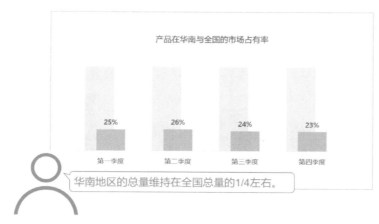

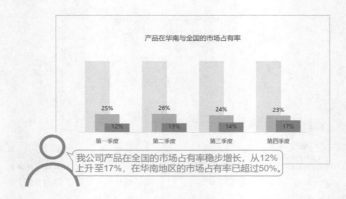

如何实现这种呈现方式呢？将百分比层叠柱形图的动画设置为"进入"分类中的"擦除"，并将"效果选项"设置为"按系列"即可。

 3.8 描述数值与同比——折线柱形图

当需要表示"本公司今年每个季度的销售业绩与同比增长率"时，"销售业绩"属于"单组数据"，"同比增长率"属于"同比"，"今年每个季度"属于"少时间点"。

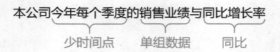

这种单组数据在少时间点的数值和同比展示，通常首选折线柱形图，如下图所示。

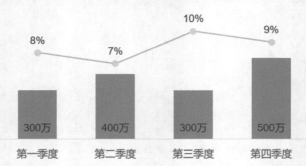

折线柱形图可以明确地展示单组数据在少时间点的数值和对应的同比增长率。

职场经验

什么是"同比"，和它相应的"环比"又是什么呢？它们的区别是什么呢？

"同比"是指某年的某个时期与上一年度同一时期的对比，如2020年3月和2019年3月的数据对比，就称为同比；而环比表示连续2个单位周期的对比，如2020年3月和2020年2月的数据对比，就称为环比。

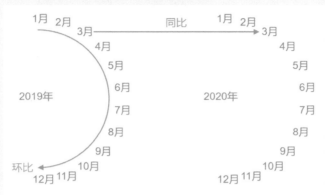

为什么在图表中只会显示"数值与同比"，而并不会显示"数值与环比"呢？因为数值的柱形图已经显示了每个周期之间的变化，如果再用折线图来表示环比，那么只会让图表的分析和展示显得更混乱。下图中，柱形已经能清晰地表示第二季度比第一季度增长100万，在使用了环比之后，0~33%的折线与柱形产生了交叉，让人感觉混乱。所以在图表中只会显示"数值与同比"，而不会显示"数值与环比"。

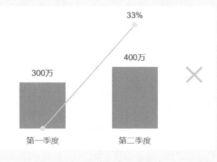

如果需要表示"产品在今年上半年的生产量与同比变化"，那么"生产量"属于"单组数据"，"同比变化"属于"同比"，"今年上半年"属于"少时间点"。

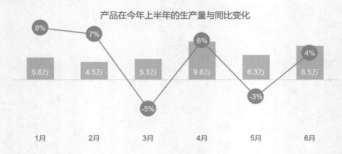

产品在今年上半年的生产量与同比变化

单组数据

少时间点   同比

使用折线柱形图展示这组数据，如下图所示。

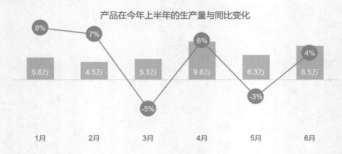

产品在今年上半年的生产量与同比变化

8%	7%		6%		4%
5.6万	4.5万	5.3万	9.6万	6.3万	8.5万

-5%   -3%

1月   2月   3月   4月   5月   6月

案例

　　本节的案例是将"沈君本年度每个月的销售额与同比变化"用图表表示出来，原始数据在"折线柱形图 .xlsx"文件中。

月份	2019年销售额	2020年销售额
1月	56242	56804
2月	45287	46192
3月	52684	53474
4月	95967	98846
5月	62915	65431
6月	85324	87457
7月	95374	96899
8月	42534	44022
9月	56239	57251
10月	26458	27119
11月	49867	51412
12月	35695	36373

　　经过分析，其中"本年度每个月"属于"少时间点"，"销售额"属于"单组数据"，"同比变化"属于"同比"。

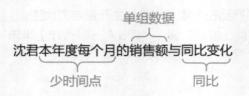

单组数据

沈君本年度每个月的销售额与同比变化

少时间点   同比

要展示这组数据，首选折线柱形图，最终完成的图表如下图所示。

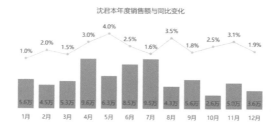

下面就来一步步完成该图表的制作。

3.8.1　在 Excel 中制作折线柱形图

Excel 无法直接在折线柱形图中计算百分比，所以需要制作图形的辅助数据。

01　在 F2 单元格中输入"同比"，F3 单元格的同比增长计算公式：（2020 年销售额 −2019 年销售额）/2019 年销售额，所以在 F3 单元格输入公式"=(D3−C3)/C3"，自动填充至 F14 单元格，并将小数位数设置为 1 位。

月份	2019年销售额	2020年销售额	同比
1月	56242	56804	1.0%
2月	45287	46192	2.0%
3月	52684	53474	1.5%
4月	95967	98846	3.0%
5月	62915	65431	4.0%
6月	85324	87457	2.5%
7月	95374	96899	1.6%
8月	42534	44022	3.5%
9月	56239	57251	1.8%
10月	26458	27119	2.5%
11月	49867	51412	3.1%
12月	35695	36373	1.9%

02　选中 B2:B14、D2:D14 和 F2:F14 单元格区域，插入簇状柱形图。

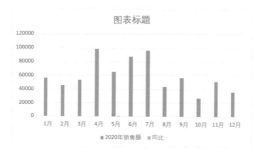

图表中很难看到"同比"这个数据系列，因为"同比"的数据是百分比，实际数据都小于 1，所以很难看清。此时需要将代表同比的柱形设置为折线图，并为它单独设置一个坐标轴。

03 在任意柱形上单击鼠标右键，在弹出的快捷菜单中选择"更改系列图表类型"命令。

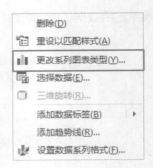

04 在弹出的"更改图表类型"对话框中选择"组合图"选项卡，将"同比"系列设置为"折线图"，并选中"次坐标轴"复选框，单击"确定"按钮。

此时的图表有两个坐标轴，可以理解为折线柱形图就是一个柱形图和一个折线图叠加得到的。

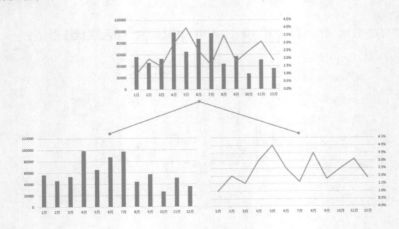

05 将数据标签添加到图表中，如下图所示。

06 上图中的数据标签非常混乱，导致无法看清每个数据。为了能够让数据标签清晰并便于分析，需要将柱形图的数据标签格式设置为"0!.0,万"，"标签位置"设置为"轴内侧"（可参照3.2.3小节），折线图数据标签的"标签位置"设置为"靠上"。

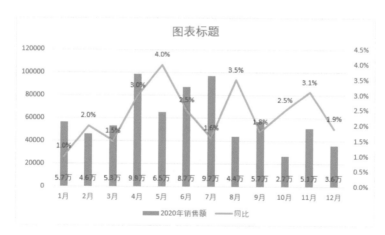

由于柱形和折线有交叉部分，很容易在数据分析时引起误解，所以通常在制作折线柱形图时，会将折线图和柱形图完全分开，以便于数据分析。而将折线图和柱形图分开的方法，就是调整坐标轴的大小。

07 双击左侧的主坐标轴，弹出"设置坐标轴格式"对话框，单击坐标轴选项图标 ，将"坐标轴选项"中的"最大值"设置为"160000.0"。坐标轴的"最大值"越大，那么图形就会越"矮"。

代表"-5%",这样就可以让折线图在图表中显得很"高"。然后将坐标轴边界的"最大值"设置为"0.05"。

08 单击图表右侧的次坐标轴,将坐标轴边界的"最小值"设置为"-0.05",

修改标题后的折线柱形图如下图所示。完成后的结果保存在结果文件夹中,名为"折线柱形图 .xlsx"。

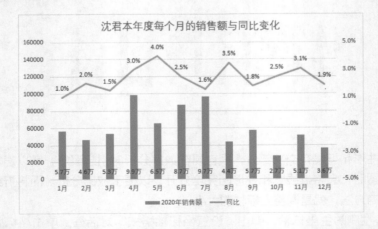

此时在 Excel 中用于分析的折线柱形图就制作完成了,通过它可以明确地对比各个数据,并进行分析。如可以分析出,2020 年全年的销售额同比去年都有所

增长，其中5月虽然销售额并不是全年最高的，但是它同比去年5月有了4%的涨幅，是全年中涨幅最高的，原因是今年5月公司推出了促销活动；而1月的涨幅全年最小，是因为2020年的春节在1月，影响了销售。

3.8.2 在 PPT 中制作折线柱形图

新建一个 PPT，并插入簇状柱形图，然后将 Excel 表格中的数据复制粘贴到 PPT 的图表数据中，并删除不需要的数据。

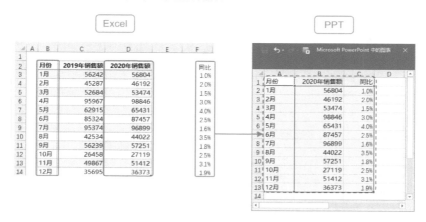

使用与 Excel 中同样的方法，制作下图所示的图表。

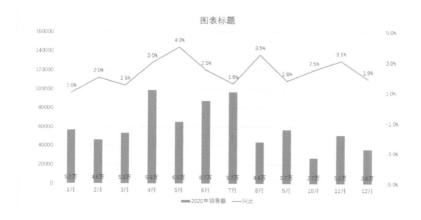

接下来就要为 PPT 的图表进行"降噪""美化""突出重点"了。

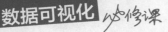

3.8.3 图表"降噪"：隐藏坐标轴

如何为折线柱形图"降噪"呢？

可以删除网格线和图例，而不能像其他图表那样直接删除坐标轴，因为当前图表是"双坐标轴"，一旦删除坐标轴会导致图表显示错误。其解决方法是隐藏坐标轴。在主坐标轴上单击鼠标右键，在弹出的快捷菜单中选择"设置坐标轴格式"命令，在弹出的对话框中单击坐标轴选项图标 ▥→"标签"，将"标签位置"设置为"无"。

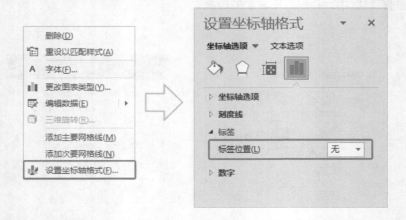

用同样的方法隐藏右侧的次坐标轴，完成后的图表如下图所示。

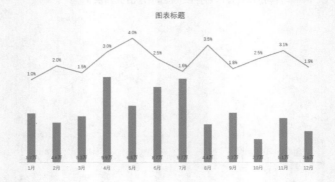

3.8.4 图表"美化"：设置数据点

为图表"降噪"后，接下来就是"美化"图表。将图表标题的"字体"设置为"微软雅黑"，"字号"设置为"20"；将柱形的"间隙宽度"设置为"30%"，并放大图表，效果如下。

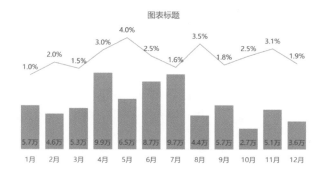

对于折线柱形图来说，除了进行普通的美化操作外，还需要将折线图的每个数据点突出显示，如下图所示。

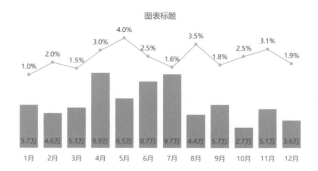

如何将数据点突出显示呢？

双击折线图任意位置，弹出"设置数据系列格式"对话框，然后单击填充与线条图标 →"标记"，并选中"标记选项"下的"内置"单选项，将"类型"设置为"圆点"，"大小"设置为"10"。

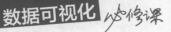

完成后的折线柱形图仍然存在一个问题：柱形图是蓝色的，折线图是橙色的，在展示该数据时很容易会让上司或者客户感觉到这是两个不相干的数据。所以为了能够突显折线图是柱形图的"同比"数据，折线图和柱形图需要设置同一色系的颜色。

双击折线图，在弹出的"设置数据系列格式"对话框中的"线条"下将线条的"颜色"设置为蓝色；单击"标记"，将"填充"中的"颜色"设置为蓝色，将"边框"设置为"无线条"。

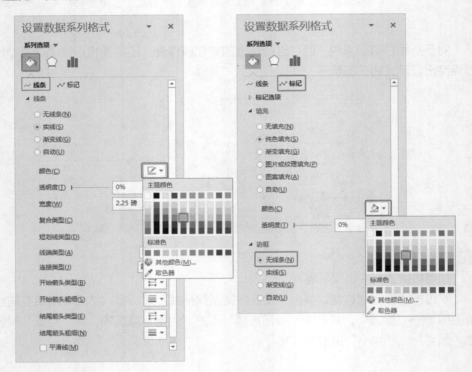

3.8.5 展示技巧：圈出需要重点说明的数据

为折线柱形图"降噪"和"美化"后，接下来就是突出展示它的重点信息了。有两种常用的呈现方案：方案一，按时间类别呈现；方案二，按数据系列呈现。而本案例数据分析的结果更适合"按数据系列呈现"。

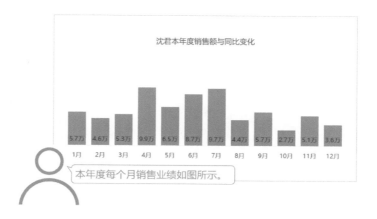

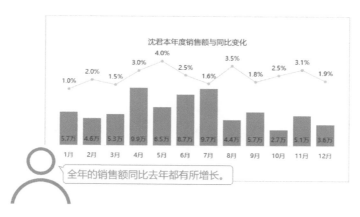

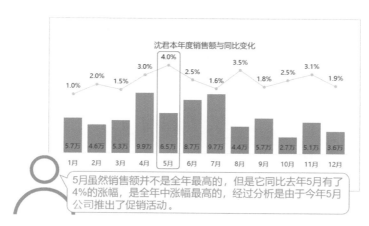

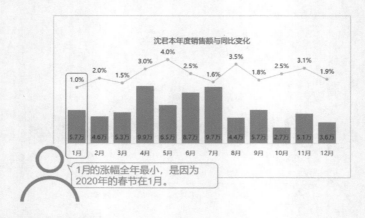

如何实现这种呈现方式呢？

修改完图表标题后，将折线柱形图的动画设置为"进入"分类中的"擦除"，并将"效果选项"设置为"按系列"。然后为图表中的 1 月和 5 月分别添加 2 个圆角矩形，"动画窗格"中的具体设置如下图所示。

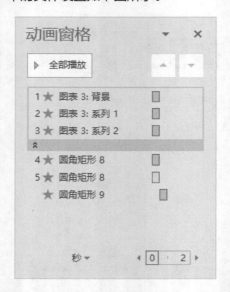

完成了折线柱形图的设置后，将图表保存为名为"单组数据在少时间点的数值与同比（折线柱形图）"的模板，以便下次使用。本案例完成后的结果保存在结果文件夹中，名为"折线柱形图 .pptx"。

专栏 **同比中有负数的折线柱形图如何展示**

同比代表着今天与去年同一时期的对比，可能为正数，也可能为负数。下图中的"产品在今年上半年的生产量与同比变化"，原始数据在"折线柱形图（负数）.xlsx"文件中。

月份	今年	同比去年
1月	56242	8%
2月	45287	7%
3月	52684	-5%
4月	95967	6%
5月	62915	-3%
6月	85324	4%

如果采用折线图在上、柱形图在下的方式，如下图所示。

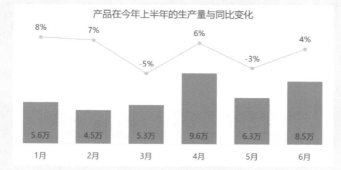

在上图中，3 月和 5 月的同比为负数，在 Excel 中做数据分析时通过仔细观察可以发现这些负值；但是在给上司或客户进行展示时，没有办法明确地进行对比。而对于同比出现负数的情况，通常会将负数放到横坐标轴以下，如下图所示。

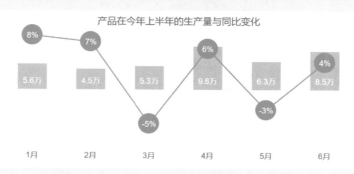

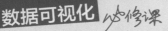

通过上图可以明确地看到 3 月和 5 月出现了负增长，如何完成这样的图形呢？首先在 PPT 中根据数据完成普通折线柱形图的设置，如下图所示。

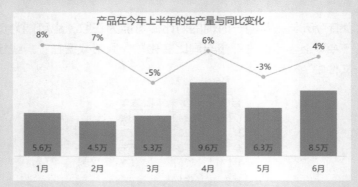

需要将次坐标轴改成有正数和负数的坐标轴，而此时次坐标轴已经被隐藏了，可以通过【格式】选项卡中的"图表元素"下拉列表框中选择次坐标轴。

双击坐标轴，弹出"设置坐标轴格式"对话框，在"坐标轴选项"中将"边界"的"最小值"和"最大值"分别设置为"-0.08"和"0.08"。

结果如下图所示。

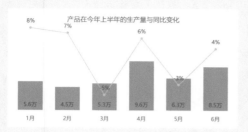

此时仍然无法让负数的折线图在横坐标以下，这是因为主坐标轴的设置仍然是以 0 为起点的，此时需要将主坐标轴的"最小值"和"最大值"分别设置为 –120000 和 120000，结果如下图所示。

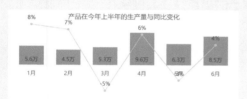

观察上图，有两个问题：第一，折线图和柱形图交叉了；第二，折线图的数据标签看不清。

首先，因为折线会横跨柱形，所以折线图与柱形图不得不交叉，这是不可避免的。

其次，折线图数据看不清是因为横坐标轴的数据标签与折线图的数据标签重叠了，此时可以将横坐标轴的数据标签放到整个图表的下方。双击横坐标轴，弹出"设置坐标轴格式"对话框，单击坐标轴选项图标 ■■ →"标签"，将"标签位置"设置为"低"。

此时图表如下图所示。

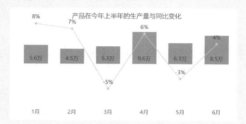

由于折线图与柱形图的交叉，折线图的数据标签无法看清。此时可以采用将数据标记放大，将数据标签放在数据标记中的方法让折线图的数据变得清晰，结果如下图所示。

如何操作呢？首先单击柱形图，在"设置数据系列格式"对话框中单击填充与线条图标 ◇ →"标记"，将"大小"设置为"50"。

设置为"居中"。

然后单击数据标签，在"设置数据标签格式"对话框中将"标签位置"

当数据的同比中出现负数时，PPT 展示的重点往往会围绕在代表"同比"的折线图上。所以此时将柱形的颜色设置为浅蓝色，将折线的颜色设置为深蓝色，并将折线图和柱形图的数据标签都设置为白色即可。

对比两种图表，同比数据全部为正数的折线柱形图和同比数据含有负数的折线柱形图，它们在 PPT 中进行展示时有以下区别：折线图数据标签位置不同，折线图数据标记大小不同，横坐标轴标签位置不同，两个坐标轴的设置也不同。

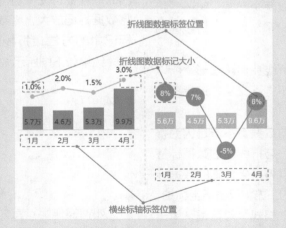

完成了折线柱形图（负数）的设置后，将图表保存为名为"折线柱形图（负数）"的模板，以便下次使用。完成后的结果保存在结果文件夹中，名为"折线柱形图（负数）.pptx"。

第 **4** 章

单组数据，时间点多时图表的选取与展示

当需要表示"2020—2024 年各季度的客户数"时，"2020—2024 年各季度"属于"多时间点"，"客户数"属于"单组数据"。

"多时间点"指时间点的个数超过 12 个，可以是若干天、若干月、若干季度、若干年等。

4.1 强调数值的变化或趋势——曲线图

　　如"2020 年 6 月每天的产品销量"，"2020 年 6 月每天"属于"多时间点"，"产品销量"属于"单组数据"。

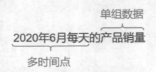

　　像这种单组数据在多时间点的数值展示，需要强调数值的变化或趋势，首选曲线图，如下图所示。

案例

　　本节的案例是将"公司近两年来的每个季度的业绩"用图表展示出来，原始数据在"曲线图 .xlsx"文件中。

时间	业绩
2020/1	45987561
2020/2	46496845
2020/3	47648596
2020/4	49489611
2020/5	57615685
2020/6	58486156
2020/7	59498416
2020/8	61165849
2020/9	64981668
2020/10	64891996
2020/11	59498496
2020/12	74981651
2021/1	84981613
2021/2	88189463
2021/3	91472916
2021/4	109349088
2021/5	97463854
2021/6	109103136
2021/7	102286656
2021/8	110188584
2021/9	111496846
2021/10	124926846
2021/11	128491616
2021/12	131416854

经过分析，"近两年来的每月"属于"多时间点"，"业绩"属于"单组数据"。

使用曲线图展示这组数据，如右图所示。

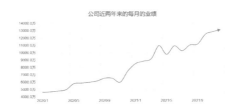

接下来就来一步步完成该图表的制作。

4.1.1 在 Excel 中制作曲线图

对于单组数据在多时间点的数值来说，许多有经验的职场人士有这样的疑问：为什么不用柱形图呢？因为当时间点较多时，曲线图比柱形图更加易于查看数据的大小，并进行对比。

而与曲线图相对应的就是折线图。当时间点较少时，用折线图可以清晰地看到数据，并进行比对；而当时间点较多时，曲线图更能反映出数据的变化和趋势。

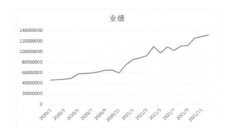

当数据较多时，曲线图不会给每个数据点添加数据标记，这些圆点标记没有任何意义，反而会让图表看上去很混乱。

接下来我们制作一个曲线图。选中 B2:C26 单元格区域，单击【插入】选项卡中的"插入折线图或面积图"按钮→"折线图"选项，如下图所示。

接下来需要将折线图变成曲线图。双击折线，在弹出的"设置数据系列格式"

对话框中单击填充与线条图标  → "线条"，并选中"平滑线"复选框。

双击纵坐标轴，将坐标轴的数字格式修改为"0!.0,万"（可参照 3.1.3 小节），最终结果如下图所示。完成后的结果保存为"曲线图 .xlsx"。

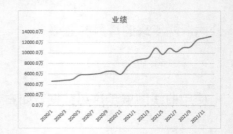

通过曲线图进行分析，发现公司的业绩在 2020 年第四季度和 2021 年年中有所波动，但是业绩整体趋势向上。

4.1.2 多时间点的横坐标轴需降低标签密度，设置垂直网格线

新建一个 PPT，并插入折线图，将 Excel 表格中的数据复制粘贴到 PPT 折线图中，并删除不需要的数据（可参照 3.1.4 小节的内容）。根据 Excel 中的所有操作，将 PPT 中的曲线图设置成下图所示的图表。

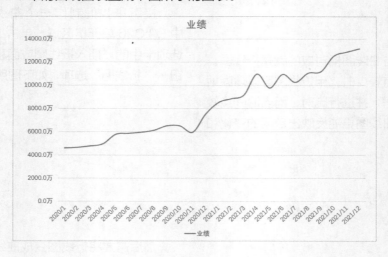

接下来为曲线图进行"降噪""美化""突出重点"。首先删除图例，由于曲线图中没有数据标签，所以纵坐标轴和网格线都不能删除。但是可以将网格线变成虚线，从而降低对曲线的干扰。双击曲线图中的网格线，弹出"设置主要网格线格式"对话框，将"短划线类型"设置为"长划线"。

然后将曲线图坐标轴的"字体"设置为"微软雅黑"，"字号"设置为"18"。

对于曲线图的横坐标轴来说，由于时间点太多，如果把每个时间点都显示在坐标轴上，那么会导致时间无法看清，这时需要降低坐标轴标签的密度。双击横坐标轴，将"坐标轴选项"中的主要单位设置为"6"。在"单位"下包含"大""小"两个选项，"大"是主要单位，"小"是次要单位。

将主要单位设置为"6"，代表在坐标轴上，每6个月出现一个标签。而次要单位则代表坐标轴上刻度的区间，不影响坐标轴标签的显示。

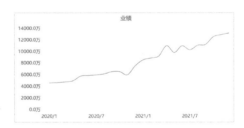

为什么是"6"，不是"3"或者"12"呢？首先，"6"代表半年；其次，如果设置为"3"，那么横坐标轴上的标签还是太密，不容易看清；如果设置为"12"，那么坐标轴标签密度太低，而无法让曲线图对应到每个时间点。

为了能够让曲线图上的数据与横坐标轴的时间对应更明确，需要为图表添加垂直网格线。单击【设计】选项卡中的"添加图表元素"按钮，在弹出的下

拉列表框中选择"网格线",再选择"主
轴主要垂直网格线"选项。

最终图表如下图所示。

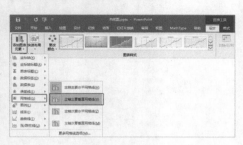

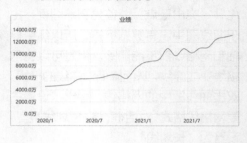

4.1.3 曲线图需要"顶天立地"

在默认情况下,PPT 中图表的纵坐标轴都会从 0 开始,这导致了曲线图的下
方部分空白,不利于突显数据的差异。

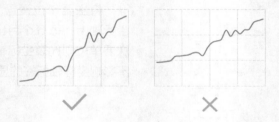

让曲线图撑满整个纵坐标轴,笔者把它形象地称为"顶天立地"。

职场经验

如何让曲线图"顶天立地"呢?

调整纵坐标轴的最大值和最小值即可。双击纵坐标轴,弹出"设置坐标轴
格式"对话框,在"坐标轴选项"中将"边界"的"最小值"设置为40000000,
此时曲线图就可以"顶天立地"了。

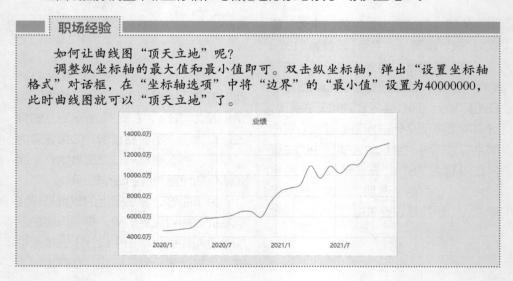

4.1.4 为曲线图设置明显的趋势判断

曲线图可以明确地展示单组数据在多时间点的数值变化，而且在对其进行分析和展示时，往往都会对这些多时间点的数值进行趋势判断：这些数值是整体向上、保持平稳还是整体向下。

在设置明显的趋势判断时，有两种方法，一是为曲线图设置"趋势线"，二是给曲线加上"箭头"。

如本案例中的曲线整体向上，这时给曲线加上箭头，就是一种非常明确的趋势判断。

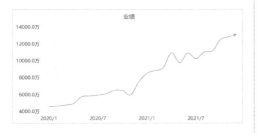

如何设置呢？双击曲线，在【结尾箭头类型】中选择合适的箭头，并将【结尾箭头粗细】设置为最粗的那个。

并不是所有的曲线图都适合在曲线上加箭头，如果整体趋势向上，但是末尾正好是向下的，那么会让上司或客户产生错觉："数据下滑。"这时应该使用"趋势线"。

如果无法一眼看出曲线图的趋势，也应该使用"趋势线"。

职场经验

如何为图表添加趋势线呢？
单击【设计】选项卡中的"添加图表元素"按钮，在弹出的下拉列表框中选择"趋势线"中的"线性"即可。

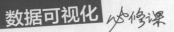
趋势线有"线性""指数""线性预测"等多种。其中最直观和简单的就是"线性"，也是职场中最常用的一种。

设置趋势线后需要将其颜色设置为灰色，并加上箭头，这样可以让趋势结果一目了然。但需要注意的是，在曲线图中可以给曲线添加箭头，或增加趋势线，但是两者不能同时出现，这样会给看 PPT 的上司或客户带来困扰。

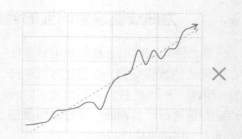

最后将图表保存为名为"单组数据在多时间点内的数值（曲线图）"的模板，以便下次使用。

4.1.5 呈现曲线图的分析结果

可以以下图的方式呈现曲线图的分析结果。

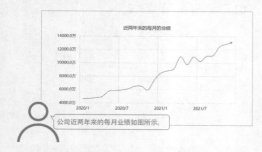

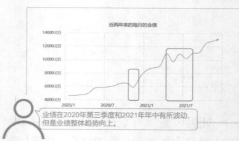

由于曲线图中的时间点较多，所以在呈现重点时，需要将特殊的时间点通过圆角矩形来突出，而曲线图和圆角矩形所使用的动画都是"淡入"。

本案例完成后的结果保存在结果文件夹中，名为"曲线图 .pptx"。

专栏 **曲线图如何突显"过去""现在""未来"**

在职场中经常需要显示单组数据的"过去""现在""未来"，如"产品去年的销量、今年的销量和明年的预测销量"，"单位去年的员工数量、今年的员工数量和明年的预测员工数量"等。

像这种单组数据的"过去""现在""未来"仍然属于"单组数据在多时间点内的数值"，首选还是曲线图。但是使用传统的曲线图，无法明确地区分"过去""现在""未来"。通过颜色的设置，可以将代表"过去"的曲线颜色设置为"灰色"，代表"现在"的曲线颜色设置为"蓝色"，代表"未来"的曲线颜色设置为"橙色"。

时间	人数
2020/1	459
2020/2	464
2020/3	476
2020/4	494
2020/5	576
2020/6	584
2020/7	594
2020/8	611
2020/9	649
2020/10	648
2020/11	594
2020/12	749
2021/1	849
2021/2	881
2021/3	914
2021/4	1093
2021/5	974
2021/6	1091
2021/7	1022
2021/8	1101
2021/9	1114
2021/10	1249
2021/11	1284
2021/12	1314
2022/1	1321
2022/2	1331
2022/3	1315
2022/4	1344
2022/5	1341
2022/6	1365
2022/7	1365
2022/8	1351
2022/9	1341
2022/10	1371
2022/11	1384
2022/12	1401

时间	人数	人数	人数
2020/1	459		
2020/2	464		
2020/3	476		
2020/4	494		
2020/5	576		
2020/6	584		
2020/7	594		
2020/8	611		
2020/9	649		
2020/10	648		
2020/11	594		
2020/12	749	749	
2021/1		849	
2021/2		881	
2021/3		914	
2021/4		1093	
2021/5		974	
2021/6		1091	
2021/7		1022	
2021/8		1101	
2021/9		1114	
2021/10		1249	
2021/11		1284	
2021/12		1314	1314
2022/1			1321
2022/2			1331
2022/3			1315
2022/4			1344
2022/5			1341
2022/6			1365
2022/7			1365
2022/8			1351
2022/9			1341
2022/10			1371
2022/11			1384
2022/12			1401

需要注意的是，将 1 列数据分成 3 列时，每个交叉点需要重复数据，不然就会导致曲线不连贯。

将曲线分成 3 段后，将每段曲线重新设置为"平滑线"，并设置不同的颜色，即可突显曲线图的"过去""现在""未来"。

完成了"过去""现在""未来"的曲线图的设置后，将图表保存为"曲线图（过去、现在、未来）"的模板，以便下次使用。本案例完成后的结果保存为"曲线图（过去、现在、未来）.pptx"。

职场经验

如何将曲线图变成 3 种颜色呢？其实 3 种颜色的曲线图是由 3 根不同的曲线组合而成的。

如何将一根曲线变成 3 根曲线呢？在"曲线图（过去、现在、未来）.pptx"文件中，提供了某公司的数据。其中希望将 2020 年的数据表示为"过去"，2021 年的数据表示为"现在"，2022年的数据表示为"未来"。只需将曲线图的数据分成 3 列即可。

4.2 时间点较多时描述完成量——面积图

当需要表示"2020—2021 年各月公司与我部门的客户投诉人数","2020—2021 年各月"属于"多时间点",而"客户投诉人数"属于"单组数据","公司与我部门的客户投诉人数"属于"完成量"。

要展示像这种单组数据在多时间点的完成量,首选面积图,如下图所示。

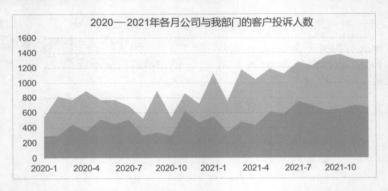

面积图可以明确地展示单组数据在多时间点的完成量,它也可以展示单组数据在多时间点的多级完成量。同样,当需要表示"2021—2024 年各月公司总销售额中,部门与我的贡献值"时,"2021—2024 年各月"属于"多时间点","销售额"属于"单组数据","公司总销售额中,部门与我的贡献值"属于"多级完成量"。

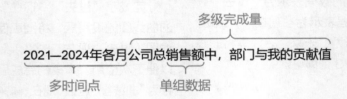

使用面积图展示这组数据，如下图所示。

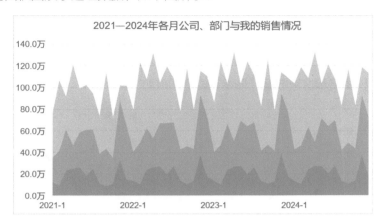

本节的案例是将"公司 2020—2021 年各月在全国、华南和广东的广告支出"用图表展示出来，原始数据在"面积图 .xlsx"文件中。

时间	全国	华南	广东
2020-1	7570418	4977416	1496272
2020-2	8536500	4961313	852690
2020-3	12037672	5759781	2172845
2020-4	14414545	4212092	2992745
2020-5	14042981	6571860	2891090
2020-6	10326518	4912189	1585363
2020-7	8140872	4719354	3639418
2020-8	9507654	4873312	1253763
2020-9	9979327	6051181	1095527
2020-10	10704490	4933368	1772118
2020-11	11455280	6625864	4386683
2020-12	11217818	8533950	2343273
2021-1	12622722	7961112	2453584
2021-2	11465509	6254486	1892320
2021-3	13922040	4589340	1208037
2021-4	15331527	5297498	1814089
2021-5	16279323	7240782	6737594
2021-6	18490709	9727446	4918815
2021-7	19281386	8101428	6007833
2021-8	21736989	10491987	7962423
2021-9	20084089	6835865	5067802
2021-10	22242703	12104727	4342528
2021-11	21192590	12837483	5452212
2021-12	20635110	13439839	9497314

经过分析，"2020—2021 年各月"属于"多时间点"，"广告支出"属于"单组数据"，"全国、华南和广东"属于"多级完成量"。

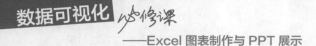

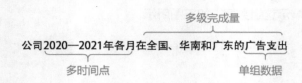

使用面积图展示这组数据，最终完成的图表如下图所示。

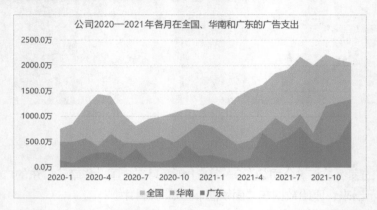

下面就来一步步完成该图表的制作。

4.2.1　在 Excel 中制作面积图

在 Excel 中选中 B2:E26 单元格区域，单击【插入】选项卡中的"插入折线图或面积图"按钮，在弹出的下拉列表框中选择"面积图"选项。

插入的面积图如下图所示。完成后的结果保存在结果文件夹中，名为"面积图 .xlsx"。

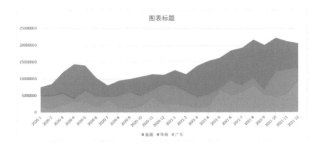

此时的面积图已经可以用于进行数据分析了，如分析结果为：在 2020 年至 2021 年期间，广告总支出呈上升趋势；华南地区广告支出的变化趋势基本平稳，2021 年第四季度广告支出略有上涨；广东地区广告支出在 2020 年的变化趋势基本平稳，2021 年广告支出大幅度上涨。

4.2.2　在 PPT 中为面积图"降噪"与"美化"

01　新建一个 PPT，并插入折线图，将 Excel 表格中的数据复制粘贴到 PPT 折线图中，并删除不需要的数据。

在 PPT 中添加面积图后，接下来就要对它进行"降噪""美化""突出重点"了。

默认的面积图会自动将数据设置为蓝色、橙色和灰色，这会让看 PPT 的上司或客户产生困扰：这些数据是互相包含的关系还是互不相关？

对于"单组数据在多时间点内的完成量"，各个数据是互相包含的关系，通常会使用同一个色系，这样就不会引起误解；而且鉴于面积图会将横向的网格线遮住，导致数据无法看清，将面积图的多个图形都设置为透明度为 50% 的蓝色较好。

02　双击图形，在"设置数据系列格式"对话框中单击填充与线条图标 ◆ →"填充"，选中"纯色填充"单选项，然后将"颜色"设置为蓝色，并将"透明度"设置为"50%"。

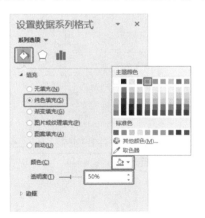

　　将 3 个面积图的颜色都进行同样的设置。对于广东地区的颜色，由 3 层透明度为 50% 的蓝色重叠而成，所以颜色最深；华南地区的颜色由 2 层透明度为 50% 的蓝色重叠而成，所以颜色较深。

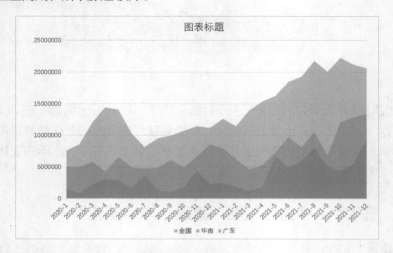

03　将图表中的"字体"设置为"微软雅黑"，"字号"设置为"18"，网格线设置为"长划线"，并删除图例。

04　双击横坐标轴，将"坐标轴选项"中的主要单位设置为"3"，并将纵坐标轴的数字修改为"0!.0,万"的显示格式。

最终效果如下图所示。

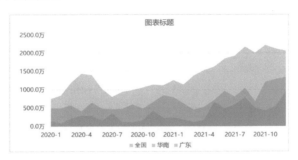

修改标题后，将图表保存为名为"单组数据在多时间点内完成量（面积图）"的模板，以便下次使用。

4.2.3　呈现面积图的分析结果

面积图的常用呈现方式如下图所示。因为 PPT 中只提供了"按系列"的动画效果，所以没有"按类别"的呈现方式。

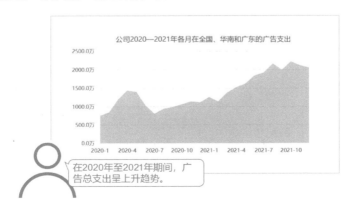

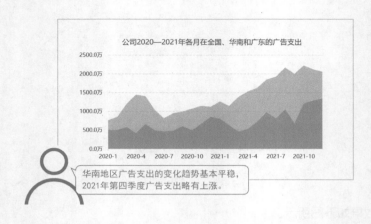

华南地区广告支出的变化趋势基本平稳，2021年第四季度广告支出略有上涨。

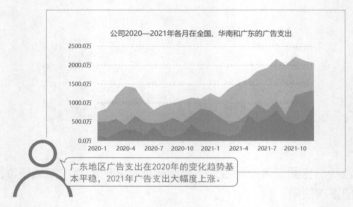

广东地区广告支出在2020年的变化趋势基本平稳，2021年广告支出大幅度上涨。

以上呈现方式在设置动画时只需将动画设置为"擦除"，方向设置为"向上"，"效果选项"设置为"按系列"即可。

本案例完成后的结果保存在结果文件夹中，名为"面积图 .pptx"。

第**5**章

一类数据，介绍项目各阶段安排时图表的选取与展示

当需要表示"产品推广活动时间推进安排"时，"产品推广活动"属于"一类数据"，即一个项目包含多个阶段，"时间推进安排"属于"时间安排"。

5.1 描述时间安排——甘特图

如表示"产品推广活动时间推进安排"这种一类数据的时间安排时，通常首选甘特图，如下图所示。

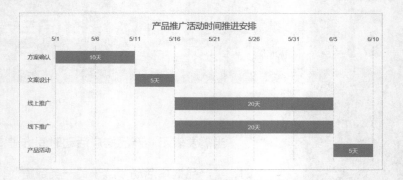

甘特图又称为横道图，通过条形展示项目各阶段与时间之间的联系。同样，如果要用图表展示"公司产品调研项目细节安排"，"公司产品调研项目"属于"一类数据"，"细节安排"属于"时间安排"。

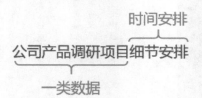

要展示这种一类数据的时间安排，首选甘特图，如下图所示。

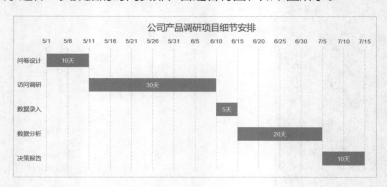

案例

本节的案例是将公司项目各阶段的时间安排用图表展示出来，原始数据在"甘特图 .xlsx"文件中。

阶段	开始日期	执行时间
项目调研	2020/5/1	30
项目计划	2020/5/31	30
预算审批	2020/6/30	25
项目实施	2020/7/25	45
项目验收	2020/9/8	40

使用甘特图展示这组数据，如下图所示。

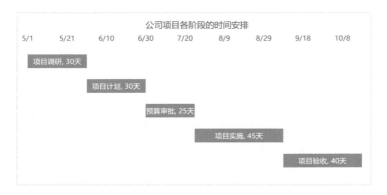

下面就来一步步完成该图表的制作。

5.1.1 在 PPT 中制作甘特图

利用甘特图可以查看项目各阶段的先后顺序和持续时间，不适用于数据分析。只有当需要展示时间安排时，才会制作甘特图。

在 PPT 中不能直接制作甘特图，要通过堆积条形图来完成。

01 新建一个 PPT，单击【插入】选项卡中的"图表"按钮，弹出"插入图表"对话框，选择"条形图"中的"堆积条形图"图表，单击"确定"按钮。

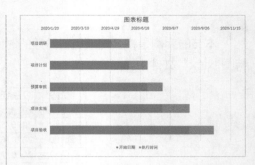

02 选中 Excel 中的数据并复制粘贴到 PPT 图表数据中，删除多余的数据。首先双击纵坐标轴，弹出"设置坐标轴格式"对话框，在"坐标轴选项"下将坐标轴设置为"逆序类别"。

接下来就是对图表进行"降噪""美化""突出重点"了。

03 删除图例，在橙色条形上单击鼠标右键，在弹出的快捷菜单中选择"添加数据标签"命令，为橙色条形添加数据标签。然后双击蓝色条形，弹出"设置数据系列格式"对话框，单击填充与线条图标 ◇ →"填充"，选中"无填充"单选项；并将橙色条形的"颜色"设置为"蓝色"，数据标签的字体颜色设置为"白色"。

04 双击主要网格线，将网格线的类型设置为"长划线"；设置图表标题的"字体"为"微软雅黑"，"字号"为"18"；调整条形的"间隙宽度"为"80%"，让条形图变"胖"，并放大图表。

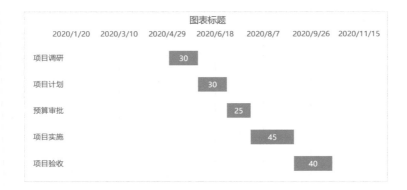

此时的数据标签没有单位，我们可以在每个数据标签后添加"天"。

05 双击数据标签，单击"数字"，在"格式代码"文本框中的"G/ 通用格式"后加上""天""，然后单击"添加"按钮即可，如下图所示。

5.1.2　设置易于查看的横坐标

插入图表时，PPT 会自动生成横坐标轴，它会出现 3 个问题：一是甘特图的前后有空隙，二是坐标轴的时间格式不易查看，三是坐标轴主刻度的划分不利于日期的确定。

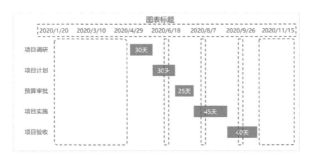

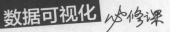

为了解决这 3 个问题，通常会对甘特图做以下设置：调整坐标轴的最大值和最小值、调整坐标轴的数字类型、调整坐标轴的主要单位，调整后的图表如下图所示。

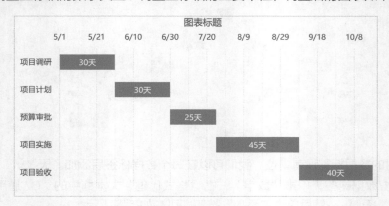

通过上图可以查看各个阶段的项目开始时间、结束时间和运行时间。这是如何完成的呢？

首先调整坐标轴的最大值和最小值，让甘特图"撑满"图表。双击横坐标轴，在弹出的"设置坐标轴格式"对话框中发现坐标轴的最大值和最小值是数字，不是日期。

这是因为横坐标轴将数据格式从日期转换成了整数，而这个整数代表了该日期

距"1900年1月1日"的天数。那该如何调整最大值和最小值呢？此时直接在文本框内输入日期即可，系统会自动进行换算。查看数据，开始日期是2020/5/1，所以直接在"最小值"文本框中输入"2020/5/1"，而最大值是2020/9/8的40天以后（由本节开始时提供的表格可知，项目验收时间是2020/9/8，验收工作会持续40天），可以先在"最大值"文本框中输入"2020/9/8"，再在换算成整数的数字基础上，加上40即可。

完成了最大值和最小值的设置后，接下来就要调整坐标轴的数字类型了。由于日期都是2020年，所以可以将"2020"省略，也不会影响数据的解读。单击"数字"选项，将"类型"设置为"3/14"即可。

5.1.3 为甘特图设置次要网格线

为了让甘特图中的时间易于查看，需要调整坐标轴的主要单位。查看右图所示的数据可知，执行天数分别为30天、30天、25天、45天、40天，如果以5天作为主要单位，会导致日期重叠、看不清，网格线太多的问题。

阶段	开始日期	执行时间
项目调研	2020/5/1	30
项目计划	2020/5/31	30
预算审批	2020/6/30	25
项目实施	2020/7/25	45
项目验收	2020/9/8	40

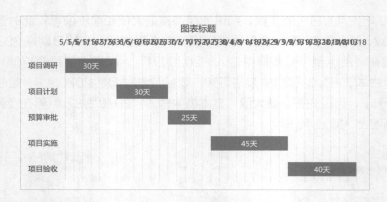

如果以 10 天作为主要单位，那么网格线的显示非常利于查看时间，但是横坐标的日期都相互连接，不容易区分。

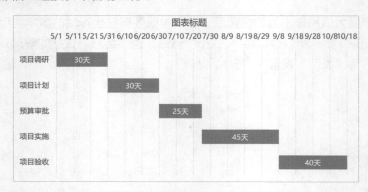

如何能够让网格线的间隔为 10，又让横坐标的日期清晰？这需要借助次要网格线。

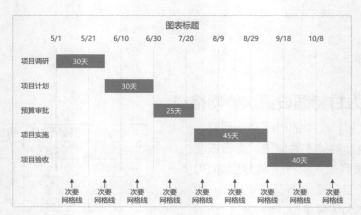

主要网格线会根据坐标轴的主要单位生成，次要网格线会根据坐标轴的次要单位生成，但是次要网格线上没有日期。如何设置呢？

01 将坐标轴的主要单位设置为"20.0"，次要单位设置为"10.0"。

02 单击【设计】选项卡中的"添加图表元素"按钮，在弹出的下拉列表框中选择"网格线"中的"主轴次要垂直网格线"即可。

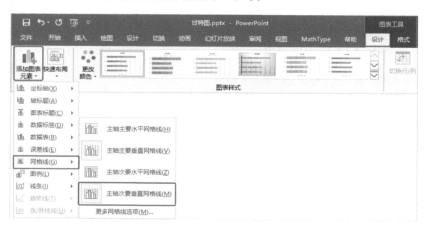

5.1.4 尽可能把坐标轴标签放到数据标签内

甘特图中的每个项目在解读时都需要对应纵坐标轴。

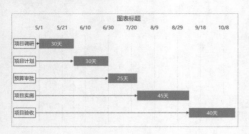

如果能将纵坐标的标签直接放到数据标签内，就能让图表更易于解读了。

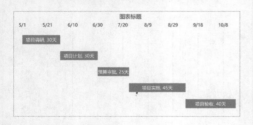

如何实现呢？

首先删除纵坐标轴，然后双击数据标签，在"设置数据标签格式"对话框的"标签选项"中，选中"类别名称"

复选框，最后调整图表大小即可。

并不是所有的甘特图都可以把坐标轴标签（类别名称）放到数据标签内，如果文字较多而超出了甘特图中的每个条形的宽度，那就不能使用该方法了。

将图表保存为名为"一类数据的时间安排（甘特图）"的模板，以便下次使用。

5.1.5 呈现甘特图的分析结果

甘特图的常用呈现方式如下图所示。

在设置动画时将动画设置为"擦除"，方向设置为"向右"，"效果选项"设置为"按类别"即可。

本案例完成后的结果保存在结果文件夹中，名为"甘特图 .pptx"。

5.2 描述时间分配——瀑布图

描述一类数据的时间分配，通常首选的图表就是瀑布图，如下图所示。

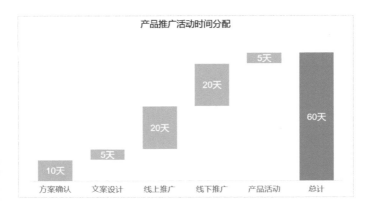

"瀑布图"又称为"阶梯图"，由于外形像瀑布而得名。甘特图与瀑布图都表示一类数据的时间关系。甘特图着重于表示一类数据的时间安排，包括各阶段什么

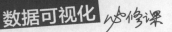

时候开始，维持多久，什么时候结束；而瀑布图则仅显示各阶段的持续时间。

同样，如果要描述"公司产品调研项目细节时间分配"时，首选瀑布图，如下图所示。

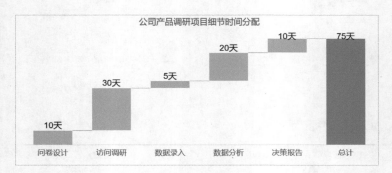

案例

本节的案例是将"公司项目各阶段的时间分配"用图表来展示，原始数据在"瀑布图 .xlsx"文件中。

阶段	开始日期	执行时间
项目调研	2020/5/1	30
项目计划	2020/5/31	30
预算审批	2020/6/30	25
项目实施	2020/7/25	45
项目验收	2020/9/8	40

经过分析，选用瀑布图，如下图所示。

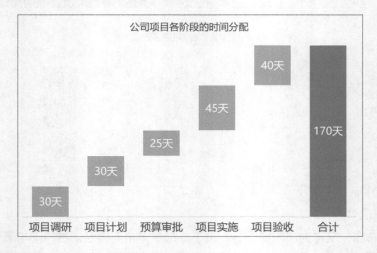

下面就来一步步完成该图表的制作。

01 新建一个 PPT，插入瀑布图。

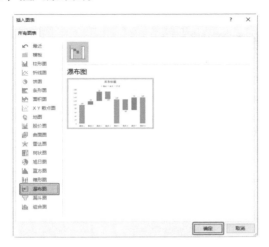

02 瀑布图本身用于显示可视化数据的增加、减少和汇总，而在应用中还可以用于时间分配的显示。将 Excel 表格中的相关数据复制粘贴到 PPT 的图表数据中，并添加合计项。

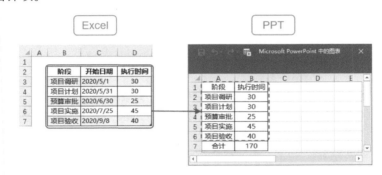

03 此时的瀑布图没有了图形，需要重新选择数据。在瀑布图上单击鼠标右键，在弹出的快捷菜单中选择"选择数据"命令。

04 弹出"选择数据源"对话框，在"图表数据区域"中选中 A1:B7 单元格区域，单击"确定"按钮。

05 此时瀑布图已经有了图形，需要将代表"合计"的柱形设置为"汇总"。先单击一次"合计"的柱形，然后再单击一次，将其选中并单击鼠标右键，在弹出的快捷菜单中选择"设置为总计"命令即可。

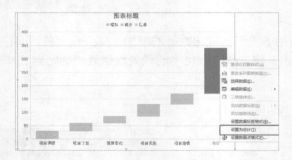

接下来就要对瀑布图进行"降噪""美化""突出重点"了。

06 首先删除图例、纵坐标轴和网格线，设置图表横坐标轴标题的"字体"为"微软雅黑"，"字号"为"20"。然后在柱形上单击鼠标右键，在弹出的快捷菜单中选择"添加数据标签"命令，添加数据标签。最后双击数据标签，在弹出的"设置数据标签格式"对话框中设置"标签位置"为"居中"。

07　在"设置数据标签格式"对话框中，在"数字"选项下"格式代码"的"G/通用格式"后输入""天""，然后单击"添加"按钮，为数据标签添加单位"天"，然后将数据标签的字体颜色设置为白色。在瀑布图中，代表普通数据的柱形为蓝色，而代表"合计"的柱形为灰色。使用不同的颜色会让人感觉这是不相关的数据，所以通常会将普通数据的图形填充设置为淡蓝色，而将代表"合计"柱形的图形填充设置为深一些的蓝色。

 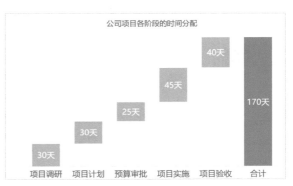

08　设置瀑布图的动画为"进入"分类中的"擦除"，但瀑布图的动画不能设置为"按类别"或"按系列"的动画效果，所以瀑布图无法通过动画呈现结果。本案例完成后的结果保存在结果文件夹中，名为"瀑布图.pptx"。

5.3　描述组成——瀑布图

当需要表示"我公司今年的总销量和各个产品的销量"时，"今年"属于"单时间点"，"各个产品的销量"属于"一类数据"，"公司今年的总销量和各个产品的销量"属于"组成"。

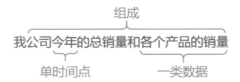

表示这种一类数据在单时间点的组成，通常首选瀑布图，效果如下。

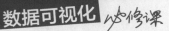
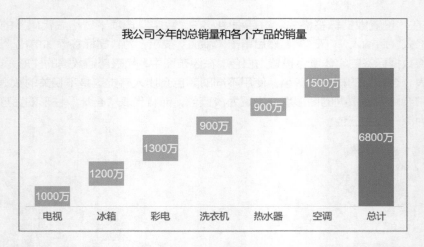

同样，如"公司 2020 年底的总人数与各部门人数"，"2020 年底"属于"单时间点"，"各部门人数"属于"一类数据"，"总人数与各部门人数"属于"组成"。

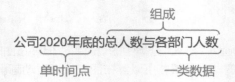

要表示这种一类数据在单时间点的组成，首选瀑布图，如下图所示。

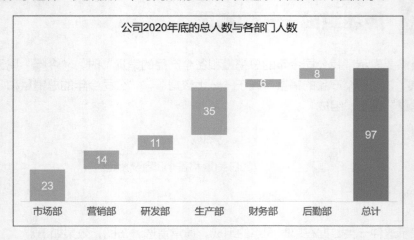

由于瀑布图的制作已经在上一节详细描述了，所以这里不赘述。

第 **6** 章

一类数据，介绍不同项目关系时图表的选取与展示

　　当需要表示"本年度公司三个生产线的各产品销量"时，"本年度"属于"单时间点"，"三个生产线的各产品销量"属于"一类多个分组数据的组成"。

6.1 数据分组后描述组成——树状图

若需要表示"本年度公司三个生产线的各产品销量"这种一类多个分组数据在单时间点的组成,通常首选树状图,如下图所示。

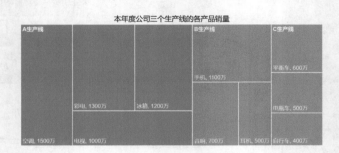

树状图会根据数据的分类进行归类,并用不同的颜色加以区分。同样,如"2020年度公司在华东、华南、华北和华中主要地区的销售情况","2020年度"属于"单时间点","公司在华东、华南、华北和华中主要地区的销售情况"属于"一类多个分组数据的组成"。

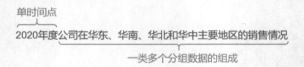

树状图展示效果如下图所示。

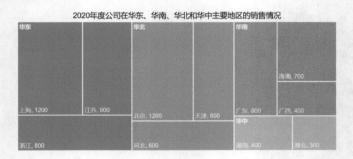

案例

本节的案例是将"公司年底三个仓库的产品库存"用图表展示出来,原始数据在"树状图 .xlsx"文件中。

仓库	产品	库存
仓库A	鞋子	6558
仓库A	裤子	5711
仓库A	袜子	5974
仓库B	电吹风	3412
仓库B	剃须刀	4587
仓库B	电水壶	6264
仓库C	鼠标	15354
仓库C	键盘	11252
仓库C	摄像头	4874

经过分析，"年底"属于"单时间点"，"三个仓库的产品库存"属于"一类多个分组数据的组成"。

> 单时间点
> 公司年底三个仓库的产品库存
> 一类多个分组数据的组成

要表示这类组成，首选树状图，如下图所示。

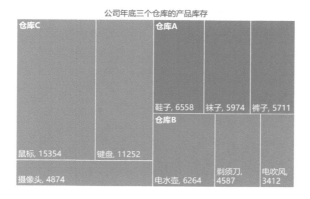

公司年底三个仓库的产品库存

下面就来一步步完成该图表的制作。

6.1.1　在 Excel 中制作树状图

01　选中 Excel 中的 B2:D11 单元格区域，单击【插入】选项卡中的"插入层次结构图表"按钮，在弹出的下拉列表框中选择"树状图"选项。

02 Excel 会根据数据的大小为其匹配不同面积的矩形，并按照矩形面积的大小从左至右排列，如下图所示。

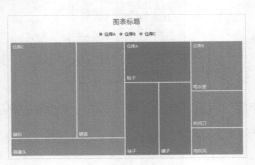

树状图默认已添加了数据标签，但只显示了"类别名称"，还需要将各个"值"也放到图形中，才有利于分析。

03 在任意数据标签上单击鼠标右键，在弹出的快捷菜单中选择"设置数据标签格式"命令，弹出"设置数据标签格式"对话框，在"标签选项"下的"标签包括"选项中选中"值"复选框即可。

04 修改图表标题，最终效果如下图所示。完成后的结果保存在结果文件夹中，名为"树状图 .xlsx"。

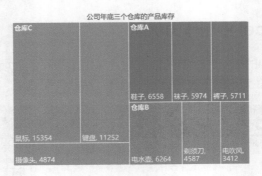

此时的树状图已经可以用于数据分析了，如分析结果为：仓库 C 的库存最多，

其中鼠标库存最多；仓库 A 的库存排第二，其中鞋子库存最多；仓库 B 的库存最少，其中电水壶库存最多。

6.1.2 在 PPT 中制作树状图

01 新建一个 PPT，并插入树状图。

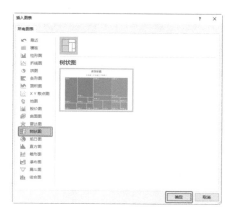

02 在 PPT 中设置树状图的数据与其他图表都不相同。需要先将"茎"列，也就是 B 列删除，然后再将 Excel 表格中的数据复制粘贴到 PPT 的图表数据中，再删除不需要的数据。

03 接下来的操作与 Excel 中的操作一样，为数据标签添加"值"即可。然后为图表进行"降噪""美化""突出重点"。

04 首先删除图例，然后将图表标题的"字体"设置为"微软雅黑"，"字号"设置为"18"。由于"仓库 A""仓库 B""仓库 C"也显示在各个矩形中，为了加以区分，分别单击它们，然后将其字体设置为"加粗"。修改图表标题后，最终图表效果如下。

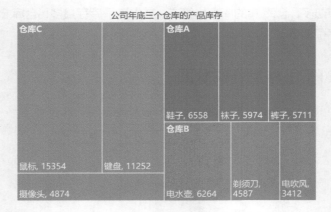

将图表保存为名为"一类多个分组数据在单时间点的组成（树状图）"的模板，以便下次使用。

6.1.3 呈现树状图的分析结果

由于树状图的动画效果选项不能设置为"按类别"或"按系列"，所以树状图通常采用全部为"进入"分类中的"淡化"动画。

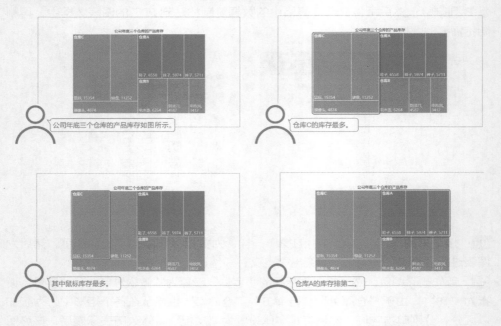

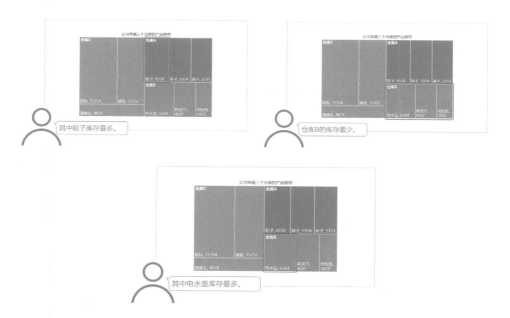

为了将需要呈现的重点标注出来，把 6 个红色轮廓的圆角矩形，分别设置"进入"分类中的"淡化"动画（设置方法参见 3.2.6 小节）。"动画窗格"如下图所示。

本案例完成后的结果保存在结果文件夹中，名为"树状图 .pptx"。

6.2 分主次数据的占比——复合条饼图

当需要表示"公司今年主营和非主营产品的销量占比"时，"今年"属于"单时间点"，"主营和非主营产品的销量占比"属于"一类多个分主次数据的占比"。

单时间点
公司今年主营产品和非主营产品的销量占比
一类多个分主次数据的占比

这时通常首选的图表就是复合条饼图，如下图所示。

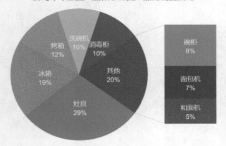

公司今年主营产品和非主营产品的销量占比

同样，如"2020年度全国手机市场中，我公司主要竞争对手和其他公司的市场占有率"，"2020年度"属于"单时间点"，"我公司主要竞争对手和其他公司的市场占有率"属于"一类多个分主次数据的占比"。（数据非真实，仅用于学习）

单时间点
2020年度全国手机市场中，我公司主要竞争对手和其他公司的市场占有率
一类多个分主次数据的占比

这组数据使用复合条饼图来展示，如下图所示。

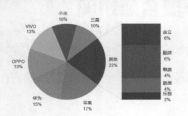

2020年度全国手机市场中，我公司主要竞争对手和其他公司的市场占有率

案例

本节的案例是将"公司今年主要部门和辅助部门的人数占比"用图表展示出来，原始数据在"复合条饼图.xlsx"文件中。

部门类型	部门	人数
主要部门	市场部	39
主要部门	生产部	27
主要部门	研发部	11
辅助部门	行政	10
辅助部门	人事部	9
辅助部门	后勤部	8
辅助部门	财务部	6

经过分析，"今年"属于"单时间点"，"主要部门和辅助部门的人数占比"属于"一类多个分主次数据的占比"。

单时间点
公司今年主要部门和辅助部门的人数占比
一类多个分主次数据的占比

使用复合条饼图来展示数据，如下图所示。

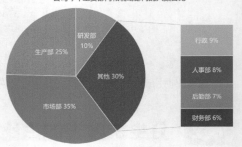

公司今年主要部门和辅助部门的人数占比

下面就来一步步完成该图表的制作。

专栏 **为什么是复合条饼图，而不是复合饼图**

Excel 提供了两种复合饼图，一种是复合条饼图，另一种是复合饼图。

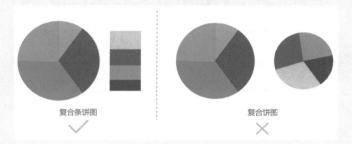

如上图所示，复合条饼图和复合饼图的区别在于：次要数据是用堆积柱形图显示，还是用饼图显示。

我们要突显的是重要数据，而重要数据已经使用了饼图，如果次要数据也仍然使用饼图，很可能会让解读图表的人不知道到底哪个是重要的。因此在处理分主次的"占比"时，笔者推荐使用复合条饼图，而不是复合饼图。

6.2.1 在 Excel 中制作复合条饼图

与饼图一样，复合条饼图也需要设置排序。除了让数据易于阅读外，在复合条饼图中，哪些是主要数据，哪些是次要数据，也依赖于数据的顺序。所以在插入复合条饼图之前，先要对数据进行排序，而且不是普通排序：将主要数据放前，按照降序排列；次要数据放后，按照降序排列。这样才能让复合条饼图也按照顺序排列。

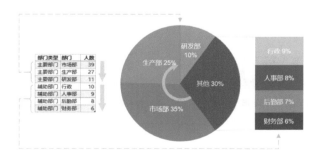

职场经验

如何对数据进行复杂排序呢？

单击数据区域中的任意单元格，单击【数据】选项卡中的"排序"按钮。

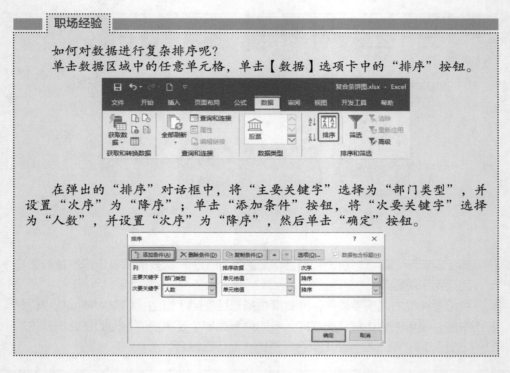

在弹出的"排序"对话框中，将"主要关键字"选择为"部门类型"，并设置"次序"为"降序"；单击"添加条件"按钮，将"次要关键字"选择为"人数"，并设置"次序"为"降序"，然后单击"确定"按钮。

01 选中 C2:D9 单元格区域，单击【插入】选项卡，选择"插入饼图或圆环图"中的"复合条饼图"。

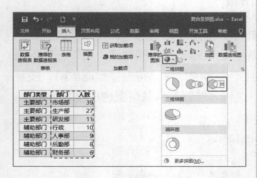

02 默认插入的复合条饼图会将数据最下方的 3 行作为次要数据，而实际数据中，辅助部门有 4 个。此时在复合条饼图上单击鼠标右键，在弹出的快捷菜单中选择"设置数据系列格式"命令，

弹出"设置数据系列格式"对话框，然后在"系列选项"下将"第二绘图区中的值"设置为"4"即可。

03 为了便于数据分析，需要给复合条饼图添加数据标签，并且复合条饼图显示的是"占比"，所以在设置数据标签格式时，取消选中"值"复选框，选

中"类别名称"和"百分比"复选框。

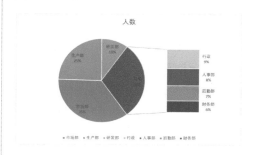

04 修改图表标题后，复合条饼图的最终结果如下图所示。完成后的结果保存在结果文件夹中，名为"复合条饼图.xlsx"。

此时的复合条饼图已经可以用于数据分析了，如分析结果为：市场部人数最多，占公司人数的 35%，而辅助部门占公司 30% 的人数，从人员配比上来说略多，需要调整。

6.2.2 在 PPT 中制作复合条饼图

01 新建一个 PPT，插入复合条饼图。

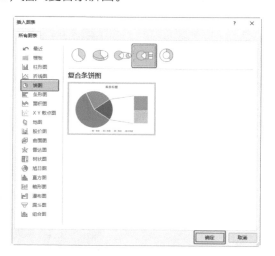

02 将排序后的 Excel 表格中的数据复制粘贴到 PPT 的图表数据中。

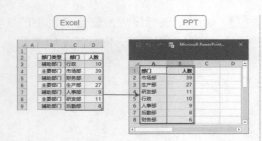

然后按照 Excel 中的设置修改图表。在 PPT 中添加复合条饼图后，接下来就要对它进行"降噪""美化""突出重点"了。

03 删除图例，将图表标题的"字体"设置为"微软雅黑"，"字号"设置为"18"。由于字号太大，数据标签会遮住标题，所以单击饼图区域，调整饼图的大小。

完成后的效果如下图所示。

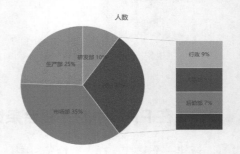

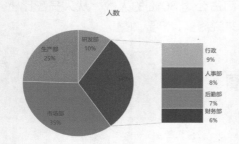

04 在复合条饼图中，系统默认数据标签的位置是"最佳匹配"，在条形图中，数据标签被放在条形图的右侧，但是根据条形图的大小，数据标签可以显示在"居中"位置。双击数据标签，在"设置数据标签格式"对话框中的"标签选项"选项下将"分隔符"修改为"(空格)"，这样数据标签就会变成一行，然后再将"标签位置"设置为"居中"。

05 图中"研发部 10%"的文字过长，所以单独选中该数据标签，设置它的"分隔符"为"分行符"，然后将所有数据标签的字体颜色设置为白色。最终图表如下图所示。

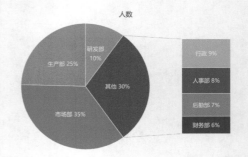

将图表保存为名为"一类多个分主次数据在单时间点的占比（复合条饼图）"
的模板，以便下次使用。

6.2.3　呈现复合条饼图的分析结果

复合条饼图的常用呈现方式如下图所示。

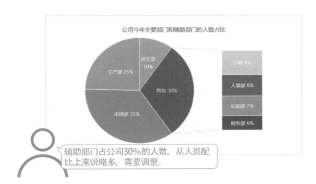

修改完标题后，复合条饼图通常使用"进入"分类中的"淡化"动画，然后将"效
果选项"设置为"按类别"，此时即可看到"动画窗格"对话框中添加的动画。

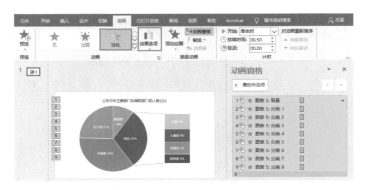

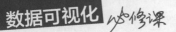
由于分析结果的重点是市场部和"其他",所以将"其他"部门的动画都设置为"与上一动画同时"。方法:按住"Shift"键,同时选中动画中的分类 3~ 分类 4,然后将【动画】选项卡中的"开始"设置为"上一动画之后";然后按住"Shift"键,同时选中动画中的分类 5~ 分类 8,将【动画】选项卡中的"开始"设置为"与上一动画同时"。

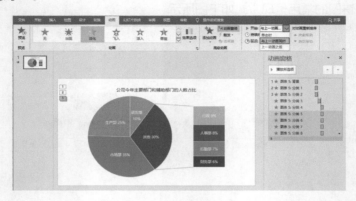

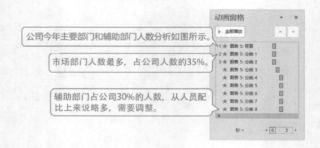

本案例完成后的结果保存在结果文件夹中,名为"复合条饼图 .pptx"。

6.3 分组数据的占比——旭日图 / 叠加饼图

当需要表示"公司今年三个销售部门各自员工的销售量占比"时,"今年"属于"单时间点","三个销售部门各自员工的销售量占比"属于"一类多个分组数据的占比"。

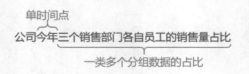

要展示这种一类多个分组数据在单时间点的占比，通常首选旭日图（PPT中使用叠加饼图），如下图所示。

今年三个销售部门各自员工的销售量占比

同样，如"公司本季度全国五个地区各城市销量占比"，"本季度"属于"单时间点"，"全国五个地区各城市销量占比"属于"一类多个分组数据的占比"。

单时间点
公司本季度全国五个地区各城市销量占比
　　　　　一类多个分组数据的占比

使用旭日图（叠加饼图）展示这组数据，如下图所示。

公司本季度全国五个地区各城市销量占比

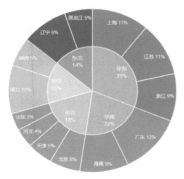

案例

本节的案例是将"公司第一季度三个产品线的利润占比"用图表展示出来，原始数据在"叠加饼图.xlsx"文件中。

产品线	产品	利润
智能类	笔记本	8827368
智能类	平板电脑	6727680
智能类	电脑	12207888
智能类	手机	6389641
大家电	冰箱	10828719
大家电	空调	19994754
大家电	洗衣机	10763808
大家电	热水器	6952000
出行类	电动滑板	7325640
出行类	电动轮滑	6383190
出行类	平衡轮	7724964

经过分析，"第一季度"属于"单时间点"，"三个产品线的利润占比"属于"一类多个分组数据的占比"。

单时间点
公司第一季度三个产品线的利润占比
　　　　　一类多个分组数据的占比

使用旭日图（叠加饼图）来展示这组数据，如下图所示。

公司第一季度三个产品线的利润占比

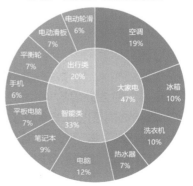

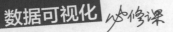

下面就来一步步完成该图表的制作。

6.3.1 在 Excel 中制作旭日图

在 Excel 中选中 B2:D13 单元格区域，单击【插入】选项卡中的"插入层次结构图表"按钮，在弹出的下拉列表框中选择"旭日图"选项。

此时插入的图表如下图所示。

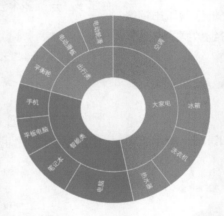

旭日图又称太阳图，因为形似太阳而得名，它能清晰表达层级和归属关系，以父子层次结构来显示数据构成情况。在旭日图中，离圆点越近则级别越高，相邻两层是内层包含外层的关系。

看似简单的旭日图，却包含了复杂的计算。首先它将 3 个产品线"智能类""大家电""出行类"按照数据总量的大小顺时针排序显示，并给予不同的颜色；每个产品线中的产品，也根据数据的大小进行顺时针排序。

此时的旭日图已经可以用于数据分析了，如分析结果为：第一季度公司的大家电利润贡献最大，接下来依次是智能类和出行类；大家电中空调的利润贡献最大，智能类中电脑的利润贡献最大，出行类中平衡轮的利润贡献最大。

6.3.2 在展示时，旭日图不如叠加饼图

旭日图用于在 Excel 中的数据分析是完全可以胜任的，但是在进行展示时，却有两个问题：一是旭日图中的所有数据标签会根据位置发生倾斜，不易于查看；二是旭日图中无法添加数据的百分比，从而无法明确地展示每个数据的占比。

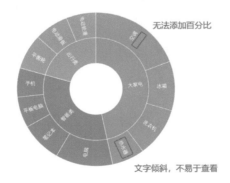

正是这两个原因，所以在 PPT 中，通常会使用叠加饼图，也就是用两个饼图来实现类似于旭日图的效果。

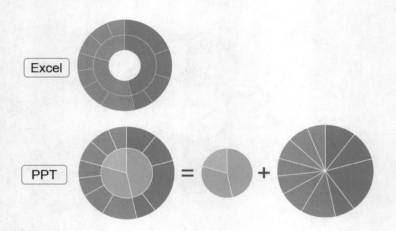

　　为什么用两个饼图而不是两个圆环图来实现类似于旭日图的效果呢?

　　因为饼图上的数据标签可以设置标签位置。在实际工作中,会根据数据标签的长度来确定显示位置,如果数据标签较短,可以放到图形内,数据标签较长,可以放到图形外;而圆环图的数据标签只能居中,一旦数据标签较长,将影响图表的美观。

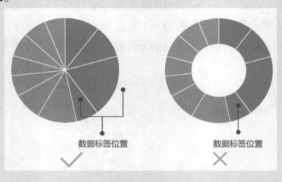

6.3.3　在 PPT 中制作叠加饼图

　　接下来就一起完成一个叠加饼图。通常会先制作外面的大饼图,然后再制作里面的小饼图。

01　新建一个 PPT,插入饼图。将 Excel 表格中的数据复制粘贴到 PPT 的图表数据中,然后单击"在 Excel 中编辑数据"按钮。

02 需要根据产品线和利润对当前数据进行排序，才能制作出易于阅读的饼图。首先按照产品线升序排列、利润降序排列进行排序。

03 从 Excel 中的旭日图发现 3 个产品线中，利润从大到小分别是大家电、智能类和出行类，所以按照该顺序，通过剪切和粘贴数据。

	A	B	C
1	产品线	产品	利润
2	出行类	平衡轮	7724964
3	出行类	电动滑板	7325640
4	出行类	电动轮滑	6383190
5	大家电	空调	19994754
6	大家电	冰箱	10828719
7	大家电	洗衣机	10763808
8	大家电	热水器	6952000
9	智能类	电脑	12207888
10	智能类	笔记本	8827368
11	智能类	平板电脑	6727680
12	智能类	手机	6389641

	A	B	C
1	产品线	产品	利润
2	大家电	空调	19994754
3	大家电	冰箱	10828719
4	大家电	洗衣机	10763808
5	大家电	热水器	6952000
6	智能类	电脑	12207888
7	智能类	笔记本	8827368
8	智能类	平板电脑	6727680
9	智能类	手机	6389641
10	出行类	平衡轮	7724964
11	出行类	电动滑板	7325640
12	出行类	电动轮滑	6383190

04 将 A 列删除，此时饼图就出现了。接下来给饼图添加数据标签并在"设置数

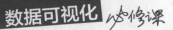
据标签格式"对话框中取消选中"值"复选框，选中"类别名称"和"百分比"复选框；然后将数据标签颜色设置为白色，"标签位置"设置为"数据标签内"；最后删除图表标题，并将图表数据标签的"字体"设置为"微软雅黑"，"字号"设置为"18"。

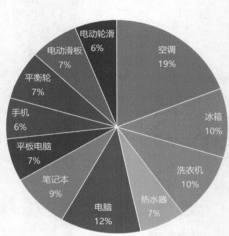

05　接下来制作内部的小饼图。插入一个新的饼图，根据 Excel 表格中的数据分别计算 3 个产品线的利润，并输入 PPT 图表数据中。

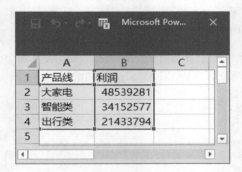

06　为新插入的饼图添加数据标签，并取消选中"值"复选框，选中"类别名称"和"百分比"复选框；然后将数据标签颜色设置为白色，"标签位置"设置为"数据标签内"；最后删除图例和图表标题，将图表数据标签的"字体"设置为"微软雅黑"，"字号"设置为"18"，并调整图表的大小，拖动至大饼图的中央。

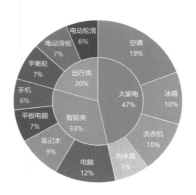

色来一一调整，而对于中间的小饼图，则会用同一色系下的浅色。最后通过文本框添加图表标题，如下图所示。

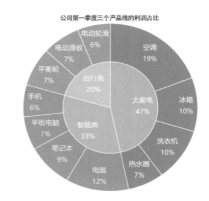

07 此时的叠加饼图在结构上已经完成了，但是由于颜色太多，根本无法区分各个生产线。通常会将所有大饼图中每个图形的颜色根据小饼图中扇形的颜

6.3.4 呈现叠加饼图的分析结果

叠加饼图的常用呈现方式如下图所示。

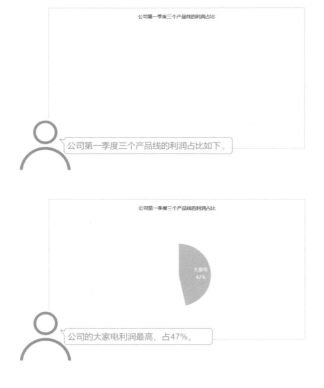

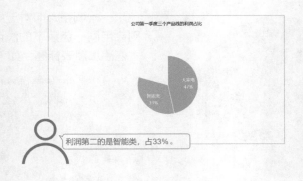

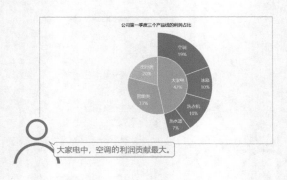

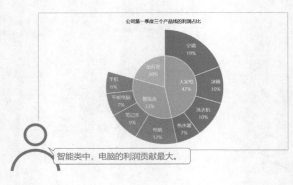

设置标题的动画为"进入"分类中的"淡化"，然后为叠加饼图的两个饼图设置"进入"分类中的"淡化"动画，并将"效果选项"设置为"按类别"。

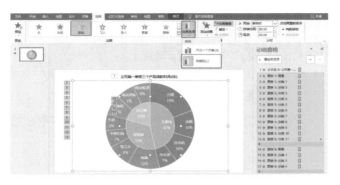

由于图表默认自带的标题都已经被删除，所以需要将图表的"背景"动画删除，并将同一生产线的数据都设置为"上一动画之后"，设置方法如下。按住"Shift"键，同时选中动画中的"图表 5: 分类 2"~"图表 5: 分类 4"，然后将【动画】选项卡中的"开始"设置为"上一动画之后"；使用同样的方法依次选中"图表 5: 分类 6"~"图表 5: 分类 8"及"图表 5: 分类 10"~"图表 5: 分类 11"，并设置"开始"为"上一动画之后"。

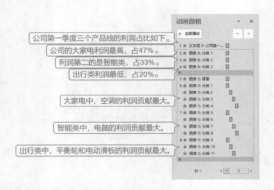

叠加饼图是由两个饼图叠加而成的，所以无法保存为模板。本案例完成后的结果保存在结果文件夹中，名为"**叠加饼图 .pptx**"。

6.4 数据的对比——折线图

如果需要表示"上半年各月各分公司的销售业绩对比"时，"上半年各月"属于"少时间点"，"各分公司的销售业绩对比"属于"一类多个数据的对比"。

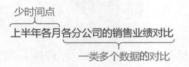

"多个数据"是指三个及三个以上的数据，这种一类多个数据在少时间点的对比，通常首选折线图来展示，如下图所示。

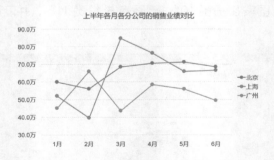

同样，如"今年各月各部门的成本支出情况"，"今年各月"属于"少时间点"，"各部门的成本支出情况"属于"一类多个数据的对比"。

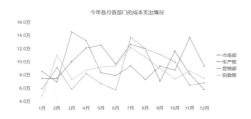

少时间点

今年各月各部门的成本支出情况

一类多个数据的对比

使用折线图展示这组数据，如下图所示。

经过分析，"2020年下半年"属于"少时间点"，"公司主要产品的利润对比"属于"一类多个数据的对比"。

少时间点

2020年下半年公司主要产品的利润对比

一类多个数据的对比

使用折线图展示这组数据，如下图所示。

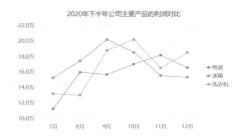

案例

本节的案例是将"2020年下半年公司主要产品的利润对比"用图表展示出来，原始数据在"折线图.xlsx"文件中。

时间	电视	冰箱	洗衣机
7月	112454	152599	131699
8月	159687	174419	129874
9月	156498	201896	187968
10月	170189	185504	201848
11月	181654	154987	164891
12月	164984	152674	184894

下面就来一步步完成该图表的制作。

6.4.1 在 Excel 中制作折线图

在 Excel 表格中选中 B2:E8 单元格区域，插入带数据标记的折线图。

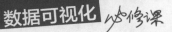

在 Excel 中插入的折线图如下图所示。完成后的结果保存在结果文件夹中，名为"折线图 .xlsx"。

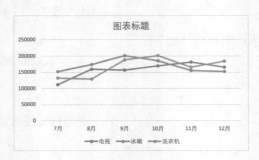

此时的折线图已经可以用于数据分析了，如分析结果为：7–9 月期间，利润最高的是冰箱，10 月和 12 月利润最高的是洗衣机，11 月利润最高的是电视。

6.4.2 折线较少的折线图才能易于解读和展示

对于折线图来说，同样的数据有两种方法呈现，如下图所示。

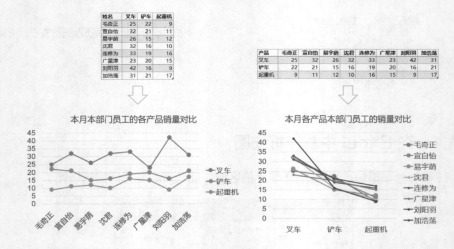

只是将数据的行列交换，就可以得到不同的折线图，左上图的折线较少，右上图的折线较多。通常来说，折线较少的图表更易于分析和解读。

6.4.3 在 PPT 中制作折线图

01 新建一个 PPT，插入带数据标记的折线图。

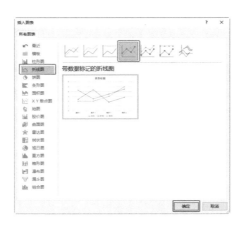

02 将 Excel 表格中的数据复制粘贴到 PPT 图表数据中，接下来就要对图表进行"降噪""美化""突出重点"了。

03 双击纵坐标轴，弹出"设置坐标轴格式"对话框，在"坐标轴选项"下的"边界"选项中将"最小值"和"最大值"分别设置为"100000.0"和"220000.0"，并在"数字"选项下将"格式代码"设置为"0!.0,万"。

04 单击网格线，在"设置主要网格线格式"对话框中单击填充与线条图标 ◇→"线条"，将网格线的"短划线类型"设置为"长划线"。

05 单击数据标记，在"设置数据系列格式"对话框中单击填充与线条图标 ◇→"标记"，将每根折线的数据标记的"类型"设置为"内置"下的"圆形"，"大小"设置为"10"；再将图表的坐标轴、图例的"字体"设置为"微软雅黑"，"字号"设置为"18"。

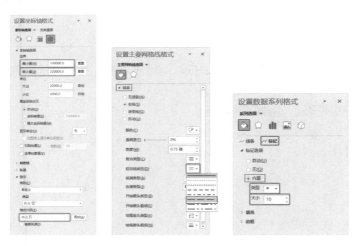

06 为了能够方便地观察每根折线是什么数据，将图例放置到右侧。单击【设计】

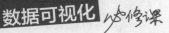

选项卡，再单击"添加图表元素"按钮，在弹出的下拉列表框中选择"图例"中的"右侧"选项。

最终图表如下图所示。

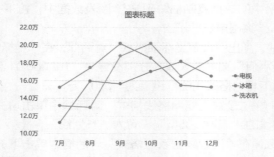

将图表保存为名为"一类多个数据在少时间点的对比（折线图）"的模板，以便下次使用。

6.4.4 呈现折线图的分析结果

折线图常用的呈现方法有两种：一种是按时间顺序呈现，另一种是按数据系列呈现。

如果按照时间顺序呈现，则如下图所示。

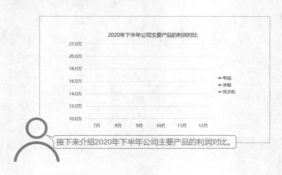

接下来介绍2020年下半年公司主要产品的利润对比。

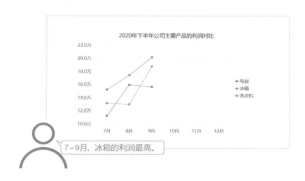

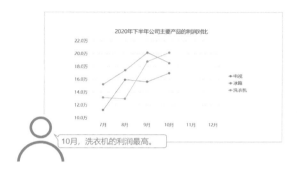

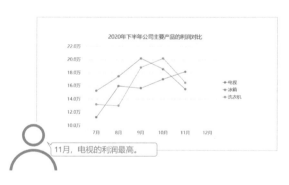

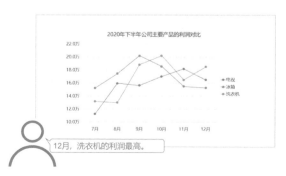

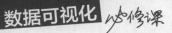

设置折线图的动画为"进入"分类中的"淡化","效果选项"设置为"按类别",并将 8 月和 9 月的动画设置为"上一动画之后"即可（设置方法参见 6.2.3 小节）。

如果按数据系列呈现，则如下图所示。

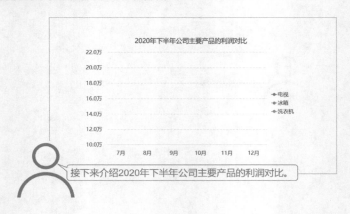

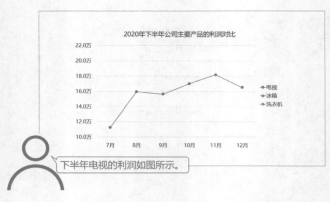

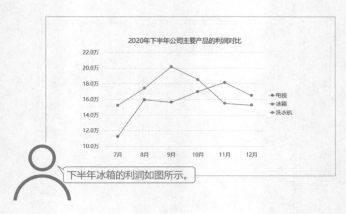

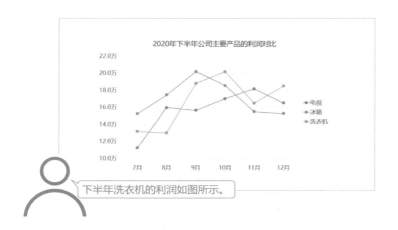

下半年洗衣机的利润如图所示。

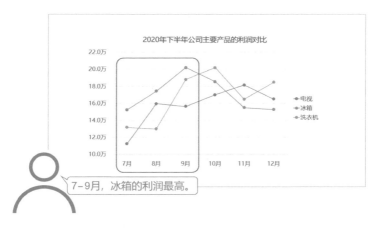

7~9月，冰箱的利润最高。

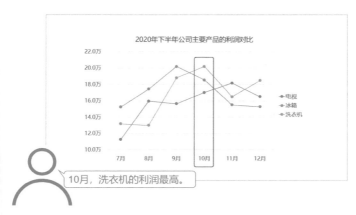

10月，洗衣机的利润最高。

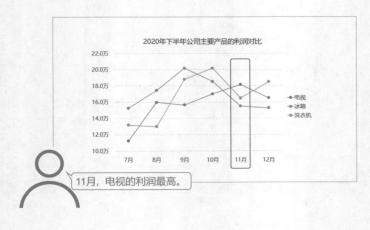

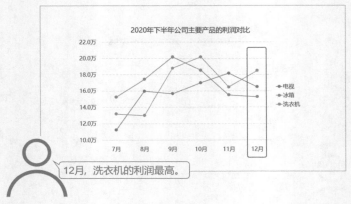

　　只需将折线图设置为"淡化"动画，并将"效果选项"设置为"按系列"，添加 4 个红色轮廓的圆角矩形，并设置"淡化"动画，其"动画窗格"如下图所示。

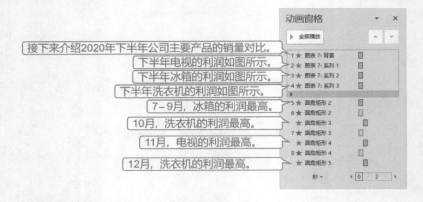

　　本案例完成后的结果保存在结果文件夹中，名为"折线图 .pptx"。

6.5 少时间点的数据组成——堆积柱形图

如果需要表示"上半年各月总公司下的各分公司销售情况"时，"上半年各月"属于"少时间点"，"总公司下的各分公司销售情况"属于"一类数据的组成"。

这种一类数据在少时间点的组成，通常首选堆积柱形图来展示，如下图所示。

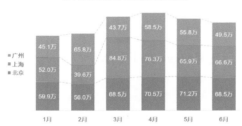

同样，如"今年各月公司的总支出与各部门的成本支出情况"，"今年各月"属于"少时间点"，"公司的总支出与各部门的成本支出情况"属于"一类数据的组成"。

使用堆积柱形图展示这组数据，如下图所示。

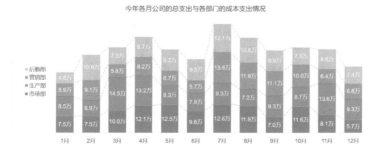

案例

本节的案例是将"2020 年下半年公司的总利润与各产品的利润的组成"用图表展示出来，原始数据在"堆积柱形图 .xlsx"文件中。

时间	电视	冰箱	洗衣机
7月	112454	152599	131699
8月	159687	174419	129874
9月	156498	201896	187968
10月	170189	185504	201848
11月	181654	154987	164891
12月	164984	152674	184894

经过分析，"2020 年下半年"属于"少时间点"，"公司的总利润与各产品的利润的组成"属于"一类数据的组成"。

使用堆积柱形图展示这组数据，如下图所示。

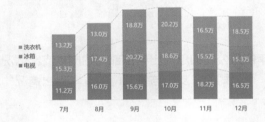

下面就来一步步完成该图表的制作。

6.5.1 在 Excel 中制作堆积柱形图

选中 Excel 中的 B2:E8 单元格区域，插入堆积柱形图。

在任意柱形上单击鼠标右键，在弹出的快捷菜单中选择"添加数据标签"命令，给每个区域设置数据标签。然后双击添加的数据标签，弹出"设置数据标签格式"对话框，单击标签选项图标 →"数字"，将"格式代码"设置为"0!.0,万"。最后再给图形添加"系列线"线条。

在 Excel 中完成的堆积柱形图如下图所示。完成后的结果保存为"堆积柱形图 .xlsx"。

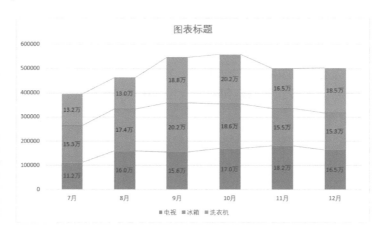

此时的堆积柱形图已经可以用于数据分析了，如分析结果为：下半年的 10 月总利润最高，贡献最大的是洗衣机；7 月利润最低，贡献最大的是冰箱。

6.5.2 在 PPT 中制作堆积柱形图

新建一个 PPT，并插入堆积柱形图。

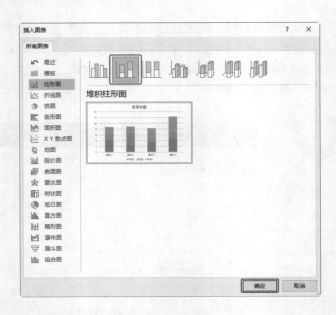

将 Excel 表格中的数据复制粘贴到 PPT 图表数据中，并根据 Excel 中的操作重新设置一遍。然后对图表进行"降噪""美化""突出重点"。

删除纵坐标轴和网格线。为了解读方便，双击图例，弹出"设置图例格式"对话框，在"图例选项"下的"图例位置"中选中"靠左"复选框，将图例显示至左侧；设置图表中图例及坐标轴文字的"字体"为"微软雅黑"，"字号"为"18"。

单击任意柱形，在"设置数据系列格式"对话框中的"系列选项"下设置图形的"间隙宽度"为"50%"。

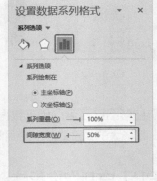

单击数据标签，将其颜色设置为白色；单击系列线，在"设置系列线格式"对话框中单击填充与线条图标 → "线条"，设置"短划线类型"为"长划线"。设置后的图表效果如下。

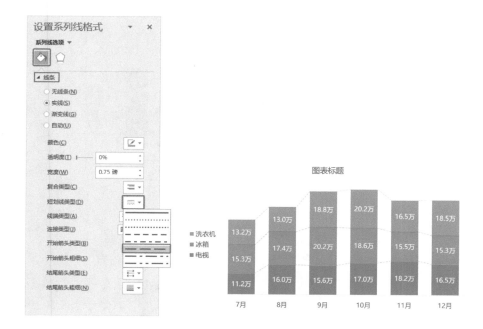

将图表保存为名为"一类数据在少时间点的组成（堆积柱形图）"的模板，以便下次使用。

6.5.3 呈现堆积柱形图的分析结果

堆积柱形图常用的呈现方案有两种，一种是按时间顺序呈现，另一种是按数据系列呈现。对于本案例呈现的重点来说，两种呈现方案没有太大区别。

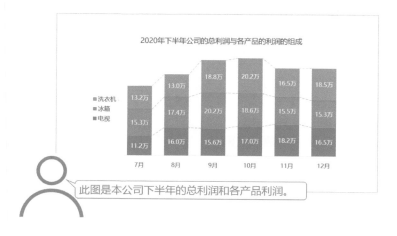

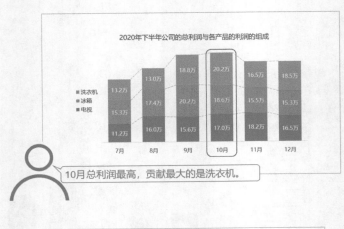

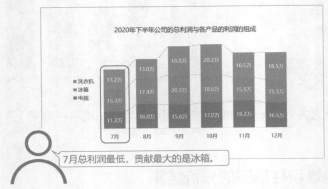

只需将堆积柱形图的动画设置为"进入"分类中的"擦除",然后绘制 2 个红色轮廓的圆角矩形,并为其设置为"淡化"动画即可(设置方法参见 3.2.6 小节)。

本案例完成后的结果保存在结果文件夹中,名为"堆积柱形图 .pptx"。

6.6 多时间点的数据对比——多曲线图

如果需要表示"2021—2022 年度各月各分公司的销售业绩对比","2021—2022 年度各月"属于"多时间点","各分公司的销售业绩对比"属于"一类数据的对比"。

多时间点

2021—2022年度各月各分公司的销售业绩对比

一类数据的对比

这种一类数据在多时间点的对比，通常首选多曲线图来展示，如下图所示。

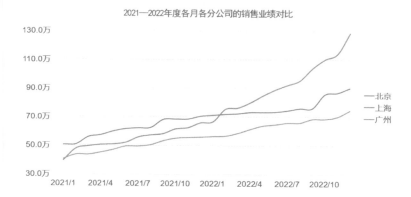

为了与只有单根曲线的曲线图进行区分，将这种有多根曲线的图表命名为"多曲线图"。

同样，如"2020—2021 年各月各部门的成本支出情况对比"，"2020—2021 年各月"属于"多时间点"，"各部门的成本支出情况对比"属于"一类数据的对比"。

使用多曲线图展示这组数据，如下图所示。

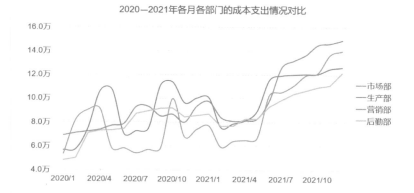

案例

本节的案例是将"2020—2021 年度各月公司产品的利润对比"用图表展示出来，原始数据在"多曲线图 .xlsx"文件中。

时间	冰箱	洗碗机	消毒柜
2020/1	134945	152599	109749
2020/2	158155	145885	101651
2020/3	162900	146843	118685
2020/4	167298	152674	103713
2020/5	177444	154987	108228
2020/6	187798	161338	120002
2020/7	191624	162078	125133
2020/8	197187	163088	125761
2020/9	197981	165188	137409
2020/10	198377	174419	155508
2020/11	204227	174993	161054
2020/12	207642	178629	171118
2021/1	209739	178826	181877
2021/2	217985	180053	194144
2021/3	224004	180866	204960
2021/4	225357	182730	241539
2021/5	230340	184369	213829
2021/6	254189	185504	236029
2021/7	261897	195417	241123
2021/8	274894	201896	252310
2021/9	265949	205440	253630
2021/10	284984	219259	260134
2021/11	304897	235326	287718
2021/12	331894	245132	321381

经过分析，"2020—2021 年度各月"属于"多时间点"，"公司产品的利润对比"属于"一类数据的对比"。

多时间点

2020—2021年度各月公司产品的利润对比

一类数据的对比

使用多曲线图展示这组数据，如下图所示。

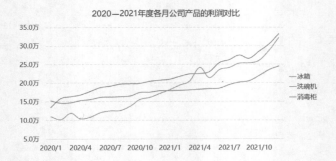

下面就来一步步完成该图表的制作。

6.6.1 在 Excel 中制作多曲线图

在 Excel 中选中 B2:E26 单元格区域，插入折线图。然后双击任意折线，弹出"设置数据系列格式"对话框，选中"线条"选项下的"平滑线"复选框。

在 Excel 中完成的多曲线图如下图所示。完成后的结果保存在结果文件夹中，名为"多曲线图 .xlsx"。

此时的多曲线图已经可以用于数据分析了，如分析结果为：原本利润最低的消毒柜在 2021 年 1 月时的利润超过了洗碗机的利润，而冰箱的利润在两年内基本一直处于领先位置。

6.6.2 在 PPT 中制作多曲线图

新建一个 PPT，插入折线图，将 Excel 表格中的数据复制粘贴到 PPT 图表数据中。接下来需要对图表进行"降噪""美化""突出重点"。

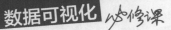

双击任意折线，弹出"设置数据系列格式"对话框，选中"线条"选项下的"平滑线"复选框，将所有折线设置为"平滑线"。然后双击纵坐标轴，将纵坐标轴的"最小值""最大值"分别设置为"50000.0"和"350000.0"，并将"格式代码"设置为"0!.0,万"的数字格式。最后单击横坐标轴，将"单位"中的"大"设置为 3 个月。

单击图例，将图例放置到右侧；单击网格线，将"设置主要网格线格式"中的"短划线类型"设置为"长划线"；将图表中的"字体"设置为"微软雅黑"，"字号"设置为"18"，并放大图表。

最终效果如下。

将图表保存为名为"一类数据在多时间点内的对比（多曲线图）"的模板，以便下次使用。

6.6.3　呈现多曲线图的分析结果

多曲线图常用的呈现方法如下图所示。

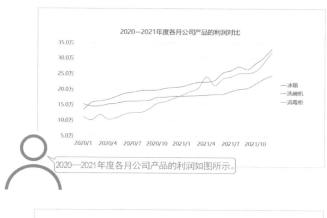

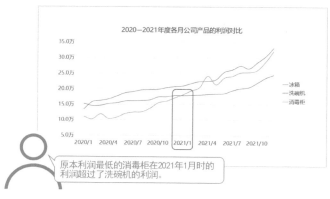

设置多曲线图的动画为"进入"分类中的"擦除","效果选项"设置为"自左侧";然后将需要呈现的重点标注出来,绘制一个红色轮廓的圆角矩形,并为其设置"淡化"动画;再绘制一个蓝色填充的箭头,并为其设置"淡化"动画(具体操作见 3.2.6 小节)。最终"动画窗格"如下图所示。

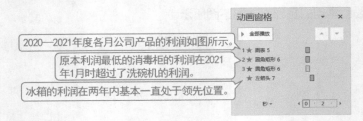

本案例完成后的结果保存在结果文件夹中,名为"多曲线图.pptx"。

第**7**章

二类数据，图表的选取与展示

　　如果需要表示"今年本公司各部门男女人数"时，"今年"属于"单时间点"，"公司各部门（部门）"和"男女（性别）"属于"二类"，"男女人数"属于"二类数据"。

7.1 二类数据的对比——旋风图

像"今年本公司各部门男女人数"这种二类数据在单时间点的对比，通常首选旋风图来展示，如下图所示。

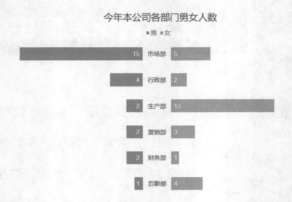

又如"今年不同区间价格的产品在北京和上海的销量对比"，"今年"属于"单时间点"，"北京和上海的销量对比"属于"二类数据的对比"。

像这种二类数据的对比，首选旋风图来展示，如下图所示。

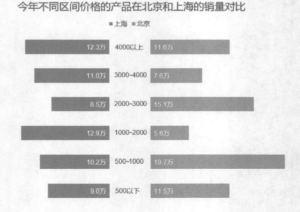

案例

本节的案例是将"2020 年上半年度公司手机和电脑的利润对比"用图表展示出来，原始数据在"旋风图 .xlsx"文件中。

时间	手机	电脑
1月	2923804	3967574
2月	3151862	4534894
3月	4068948	5249296
4月	4424914	2823104
5月	4723004	3029662
6月	4289584	3969524

首选旋风图来展示，如下图所示。

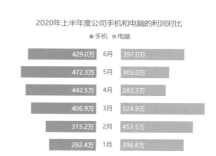

经过分析，"2020 年上半年度"属于"少时间点"，"手机和电脑的利润对比"属于"二类数据的对比"。

像这种二类数据在少时间点的对比，

7.1.1 在 PPT 中制作旋风图

本案例在进行数据分析时，使用条形图就基本可以胜任了。但是在进行展示时，条形图没有旋风图那么直观易懂。

如何制作旋风图呢？旋风图其实就是条形图演变而来的。

01 在 PPT 中插入条形图，并将 Excel 表格中的数据复制粘贴到 PPT 图表数据中。双击任意橙色柱形，弹出"设置数据系列格式"对话框，在"系列选项"下选中"次坐标轴"单选项。

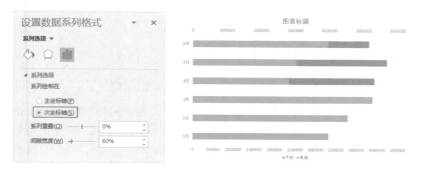

02 单击上方的横坐标轴，根据数据情况，将"边界"的"最小值"和"最大值"

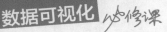

分别设置为 –7500000 和 6000000；单击下方的横坐标轴，也进行同样的设置，并选中"逆序刻度值"复选框。

职场经验

为什么最小值是–7500000，而不是与最大值对称的–6000000呢？

因为需要为纵坐标轴标签留有空隙。将坐标轴放置在旋风图的中间，要比将坐标轴放置在旁边更易于解读。具体的数值需要根据纵坐标轴标签的文字长短和字体大小而定。

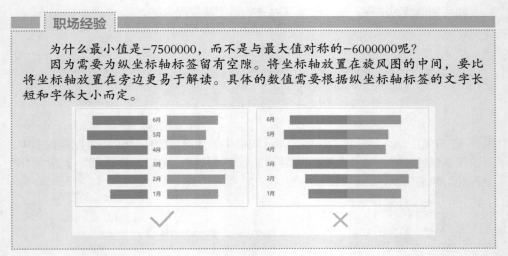

接下来就要对旋风图进行"降噪""美化""突出重点"了。

03 删除网格线，然后双击图表上方的横坐标轴，在"设置坐标轴格式"对话框的"标签"选项下，设置"标签位置"为"无"；再单击图表下方的横坐标轴，同样将其"标签位置"设置为"无"；单击纵坐标轴，在"填充与线条"下将"线条"设置为"无线条"，可删除纵坐标轴的细线。

04 将两种条形的"间隙宽度"都设置为"60％"，并添加数据标签，设置标签位置为"轴内侧"，数字格式为"0!.0,万"，图例位置为"靠上"，图表中文字的"字体"设置为"微软雅黑"，"字号"设置为"18"，并设置数据标签的"颜色"为"白色"。

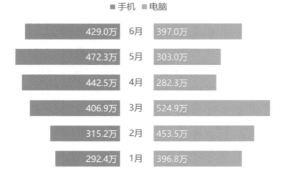

2020年上半年公司手机和电脑的利润对比

■ 手机 ■ 电脑

429.0万	6月	397.0万
472.3万	5月	303.0万
442.5万	4月	282.3万
406.9万	3月	524.9万
315.2万	2月	453.5万
292.4万	1月	396.8万

专栏 **易于解读的旋风图必须要对数据排序**

使用旋风图需要注意的是排序问题。而这个顺序可以体现在坐标轴上，或者数据上。

如对于"公司各年龄段的男女人数"，年龄段的顺序体现在坐标轴上，这样易于数据的解读。

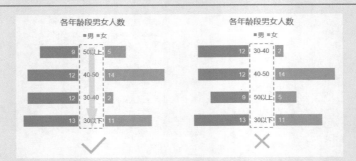

而对于坐标轴标签没有顺序的旋风图来说，必须要将对应的数值进行排序，如"公司产品在深圳和天津的生产成本对比"这组数据。

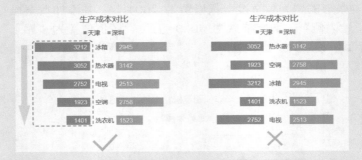

旋风图有两组数据，是对左侧的数据排序还是右侧的数据排序呢？通常会将左侧的数据排序，因为人们的阅读习惯一般是从左至右，将左侧的数据排序可以让人们快速解读图表信息。

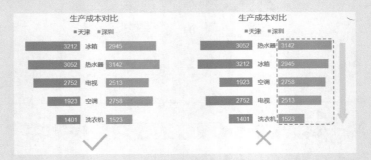

在对数据进行排序的时候，使用升序还是使用降序呢？笔者的建议是"好的数据放在上面"，因为人们解读数据的顺序一般是从上至下的，所以将好的数据放在上面可以让人先看到好的数据。如销量、利润、好评率、市场占有率等，这些数据应该使用降序，而成本、出错率、投诉率等数据，应该使用升序。

7.1.2 呈现旋风图的分析结果

旋风图常用呈现方法有两种：一种是按类别呈现，另一种是按数据系列呈现。如果按照类别呈现，则如下图所示。

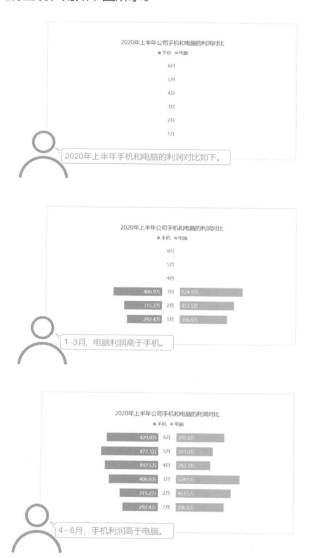

只需将旋风图的动画设置为"进入"分类中的"淡化"，"效果选项"设置为"按系列"，此时即可看到"动画窗格"对话框中添加的动画。

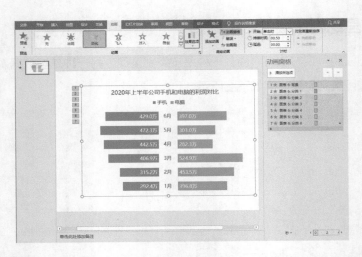

根据展示重点，将2月、3月、5月和6月的动画设置为"上一动画之后"。方法：按住"Shift"键，同时选中动画中的分类2和分类3，然后将【动画】选项卡中的"开始"设置为"上一动画之后"。之后使用同样的方法设置分类5和分类6。如下图所示。

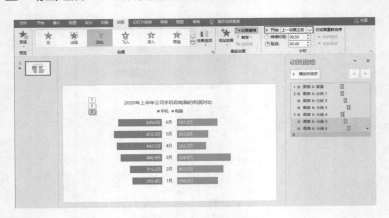

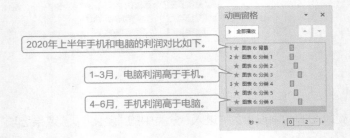

2020年上半年手机和电脑的利润对比如下。

1–3月，电脑利润高于手机。

4–6月，手机利润高于电脑。

如果按照数据系列呈现，则效果如下。

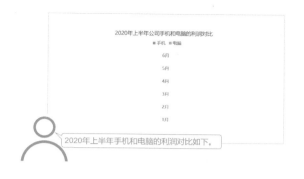

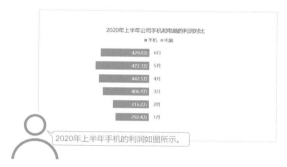

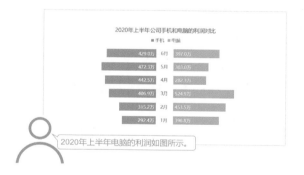

只需将旋风图的动画设置为"淡化","效果选项"设置为"按类别",然后绘制两个红色轮廓的圆角矩形,并设置"淡化"动画即可。最终的"动画窗格"如下图所示。

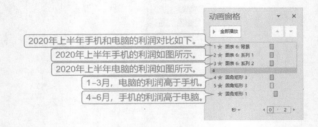

本案例完成后的结果保存在结果文件夹中,名为"旋风图.pptx"。

7.2 描述完成量——叠加旋风图

当需要表示"上海和北京分公司各部门预算使用情况",首选叠加旋风图来展示,如下图所示。

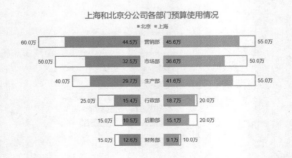

同样,如"今年本部门员工的车险与寿险客户数目标完成情况",首选叠加旋

风图来展示，如下图所示。

今年本部门员工的车险与寿险客户数目标完成情况

经过分析，"主要产品"（产品）和"国内和国外的销量"（销量）属于"二类数据"，"目标完成情况"属于"完成量"。

今年公司主要产品在国内和国外的销量目标完成情况

二类数据　　　　　完成量

使用叠加旋风图展示这组数据，如下图所示。

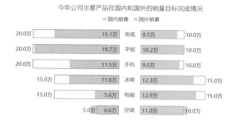

今年公司主要产品在国内和国外的销量目标完成情况

下面就来一步步完成该图表的制作。

> **案例**
> 本节的案例是将"今年公司主要产品在国内和国外的销量目标完成情况"用图表展示出来，原始数据在"叠加旋风图 .xlsx"中。

产品	国内销量	国内目标	国外销量	国外目标
冰箱	115988	150000	123418	150000
手机	115216	200000	89989	100000
电视	151354	200000	84987	100000
空调	65875	50000	110015	100000
电脑	55987	150000	129174	150000
平板	196815	200000	101894	100000

7.2.1　在 Excel 中制作叠加旋风图

为了让叠加旋风图易于解读，需要对数据进行排序，而在叠加旋风图中有 4 种数据，对哪种数据进行排序呢？通常会根据左侧的目标值进行排序，在本案例中，也就是按照国内目标进行排序。

01　首先单击 D2 单元格，进行升序排列，然后选中 B2:F8 单元格区域，插入簇状条形图。在图表中单击鼠标右键，在弹出的快捷菜单中选择"更改系列图表类型"命令。

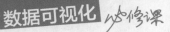

02　在"更改图表类型"对话框中选择"组合图"选项卡，然后选中"国外销量"和"国外目标"后的"次坐标轴"复选框。

03　根据数据的大小，双击上方的横坐标轴，在"设置坐标轴格式"对话框中的"坐标轴选项"下将"边界"的"最小值"和"最大值"分别设置为"−200000.0"和"200000.0"；再将下方的横坐标轴最小值和最大值也进行同样的设置，并选中"逆序刻度值"复选框。

设置后的图表如下图所示。

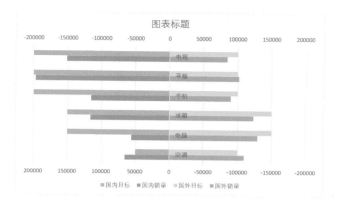

04 将代表国内目标的条形设置为蓝色轮廓、无填充；代表国内销量的条形设置为浅蓝色填充；代表国外目标的条形设置为橙色轮廓、无填充；代表国外销量的条形设置为浅橙色填充。修改标题后的图表如下图所示。

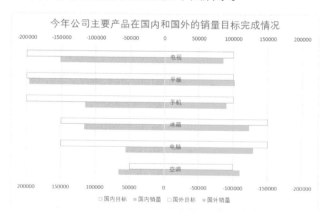

为什么要设置浅蓝色和浅橙色呢？
因为观察数据发现，许多销量目标已经完成了，如果使用与边框相同的颜色，会导致图表不易解读。

05 纵坐标两侧的条形都将"系列重叠"设置为"100%"，完成后的结果保存在结果文件夹中，名为"叠加旋风图.xlsx"。

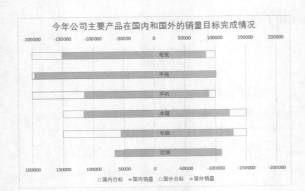

此时的叠加旋风图已经可以用于数据分析了，如分析结果为：在国内的销量目标中，空调已超额完成目标；在国外的销量目标中，平板电脑和空调已超额完成目标。

7.2.2 在 PPT 中制作叠加旋风图

新建一个 PPT，插入簇状条形图，将 Excel 表格中排序后的数据复制粘贴到 PPT 的图表数据中，并对图表进行与 Excel 中相同的设置，然后就要对图表进行"降噪""美化""突出重点"了。

由于要让纵坐标轴标签的文字显示在中间，所以需要先设置字体，然后再调整坐标轴的最大值与最小值。设置图表"字体"为"微软雅黑"，"字号"为"18"，并放大图表；双击上方的横坐标轴，在"设置坐标轴格式"对话框中的"坐标轴选项"下将"边界"的"最小值"和"最大值"分别设置为"-290000.0"和"240000.0"。最后使用同样的方法设置下方的纵坐标轴。

将纵坐标轴两侧条形的"间隙宽度"设置为"80%"，为 4 种条形设置数字格式为"0!.0,万"的数据标签，并将国内销量和国外销量的数据标签位置设置为"轴内侧"；删除网格线，将纵坐标轴的"线条"设置为"无线条"；将上下两个横坐标轴的"标签位置"设置为"无"，如下图所示。

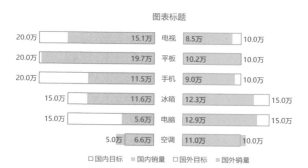

为了便于图表数据的解读，将"图例位置"设置为"靠上"，并删除"国内目标"和"国外目标"的图例。

将图表保存为名为"二类数据在单时间点的完成量（叠加旋风图）"的模板，以便下次使用。

7.2.3 呈现叠加旋风图的分析结果

叠加旋风图的数据较多，所以通常有 3 种呈现方法，一是"全部"，二是"按类别"，三是"按系列"。根据本案例要呈现的重点，选择"全部"。

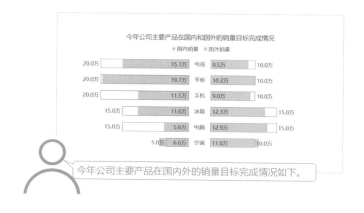

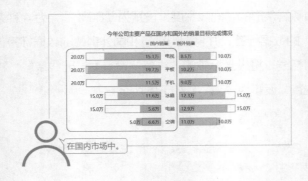

在国内市场中。

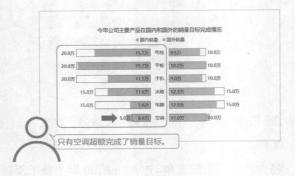

只有空调超额完成了销量目标。

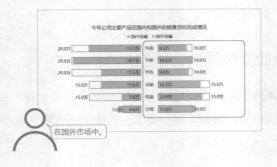

在国外市场中。

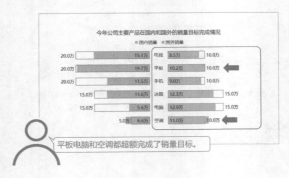

平板电脑和空调都超额完成了销量目标。

将需要呈现的重点标注出来，绘制 2 个红色轮廓的圆角矩形和 3 个红色填充的箭头，分别为其设置"进入"分类中的"淡化"动画（设置方法参见 3.2.6 小节）。"动画窗格"如下图所示。

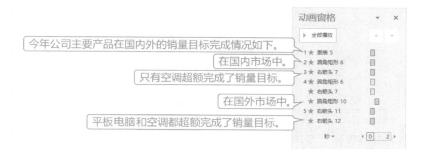

本案例完成后的结果保存在结果文件夹中，名为"**叠加旋风图 .pptx**"。

7.3 描述完成率——百分比叠加旋风图

当需要表示"河南和河北分公司各部门预算使用率"，首选百分比叠加旋风图来展示，如下图所示。

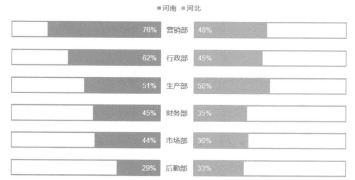

同样，如"今年本部门员工的硬件与软件客户数目标完成率"，首选百分比叠加旋风图来展示，效果如下。

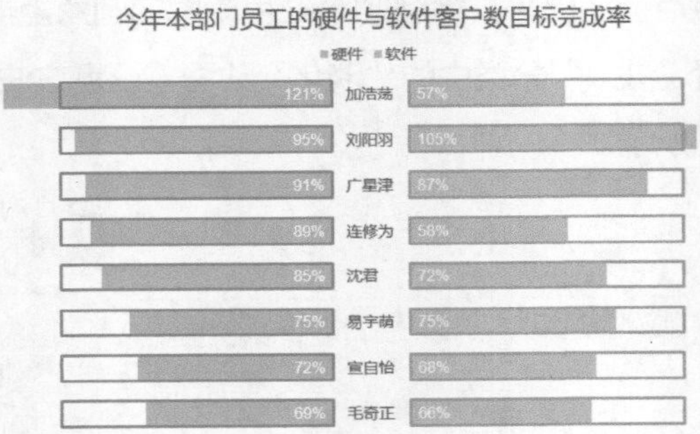

今年本部门员工的硬件与软件客户数目标完成率

■硬件 ■软件

121%	加浩荩	57%
95%	刘阳羽	105%
91%	广星津	87%
89%	连修为	58%
85%	沈君	72%
75%	易宇萌	75%
72%	宣自怡	68%
69%	毛奇正	66%

案例

　　本节的案例是将"今年公司主要产品在国内和国外的销量目标完成率"用图表展示出来，原始数据在"百分比叠加旋风图 .xlsx"文件中。

产品	国内销量	国内目标	国外销量	国外目标
冰箱	115988	150000	123418	150000
手机	115216	200000	89989	100000
电视	151354	200000	84987	100000
空调	65875	50000	110015	100000
电脑	55987	150000	129174	150000
平板	196815	200000	101894	100000

　　经过分析，"主要产品"（产品）和"国内和国外的销量"（销量）属于"二类数据"，"目标完成率"属于"完成率"。

今年公司主要产品在国内和国外的销量目标完成率

二类数据　　　　完成率

　　使用百分比叠加旋风图展示这组数据，如下图所示。

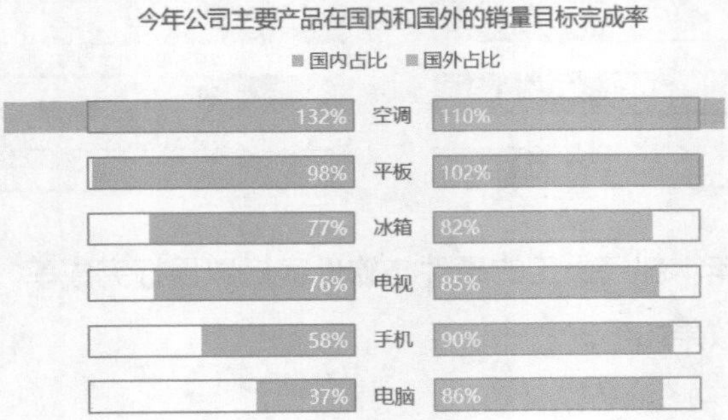

今年公司主要产品在国内和国外的销量目标完成率

■国内占比 ■国外占比

132%	空调	110%
98%	平板	102%
77%	冰箱	82%
76%	电视	85%
58%	手机	90%
37%	电脑	86%

　　下面就来一步步完成该图表的制作。

7.3.1 在 Excel 中制作百分比叠加旋风图

01 首先需要计算百分比叠加旋风图所需的数据。在原始数据旁边新建一个数据表，其中国内占比 = 国内销量 / 国内目标，国外占比 = 国外销量 / 国外目标。

产品	国内销量	国内目标	国外销量	国外目标		产品	国内占比	国内总量	国外占比	国外总量
冰箱	115988	150000	123418	150000		电脑	37%	1	86%	1
手机	115216	200000	89989	100000		手机	58%	1	90%	1
电视	151354	200000	84987	100000		电视	76%	1	85%	1
空调	65875	50000	110015	100000		冰箱	77%	1	82%	1
电脑	55987	150000	129174	150000		平板	98%	1	102%	1
平板	196815	200000	101894	100000		空调	132%	1	110%	1

然后对图表进行排序。百分比叠加旋风图有 4 种条形，在制作图形时，采用哪个数据进行排序呢？由于两个目标值都是 100%，所以通常会对坐标轴左侧的"完成率"进行排序，也就是本案例中的国内销量。

02 右侧的数据是公式计算而来的，无法进行排序操作，此时选中 H2:L8 单元格区域并复制，在该区域单击鼠标右键，在弹出的快捷菜单中选择"粘贴为值"。

03 虽然数据表面上没有变化，但是已经没有了公式，就可以按照国内占比进行排序了，此时按照国内占比将数据进行升序排列。

产品	国内占比	国内总量	国外占比	国外总量
电脑	37%	1	86%	1
手机	58%	1	90%	1
电视	76%	1	85%	1
冰箱	77%	1	82%	1
平板	98%	1	102%	1
空调	132%	1	110%	1

04 选中该单元格区域，插入簇状条形图。然后按照7.2.1小节的方法，将"国外占比"和"国外总量"设置为"次坐标轴"后，单击"确定"按钮。

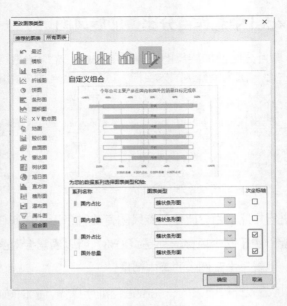

05 将上横坐标轴的"最小值""最大值"分别设置为"−1.4"和"1.4",将下横坐标轴的"最小值""最大值"也分别设置为"−1.4"和"1.4",并选中"逆序刻度值"复选框。

06 将代表国内总量的条形设置为蓝色、轮廓无填充,代表国内占比的条形设置为浅蓝色填充,代表国外总量的条形设置为橙色、轮廓无填充,代表国外占比的条形设置为浅橙色填充。然后将纵坐标两侧条形的"系列重叠"设置为"100%",最终效果如下。

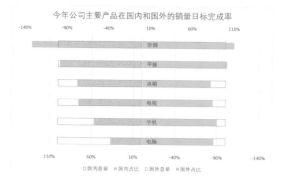

此时的百分比叠加旋风图已经可以用于数据分析了，如分析结果为：国内销量完成率排在前三的是空调、平板电脑和冰箱，而在国外销量完成率排在前三的是空调、平板电脑和手机。

7.3.2　在 PPT 中制作百分比叠加旋风图

新建一个 PPT，插入簇状条形图，将 Excel 表格中的排序后的数据复制粘贴到 PPT 的图表数据中，并进行与 Excel 中相同的设置。下面就要对图表进行"降噪""美化""突出重点"了。

由于要让纵坐标轴标签的文字显示在中间，所以需要先设置字体，然后再调整坐标轴的最大值与最小值。设置图表中标题"字体"为"微软雅黑"，"字号"为"18"，并放大图表；然后将上下两个横坐标轴的"最小值"设置为"–1.7"，"最大值"设置为"1.4"，并将纵坐标轴两侧条形的"间隙宽度"设置为"80%"。

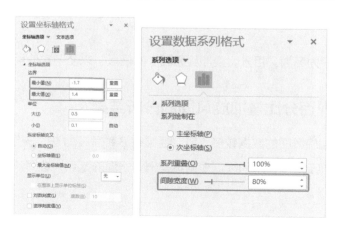

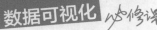

最后将国内销量和国外销量的数据标签位置设置为"轴内侧",颜色设置为白色,删除网格线,将纵坐标轴的"线条"设置为"无线条",如左下图所示;将上下两个横坐标轴的"标签位置"设置为"无",如右下图所示。

为了方便图表数据的解读,将"图例位置"设置为"靠上",并删除"国内总量"和"国外总量"的图例。最终效果如下图所示。

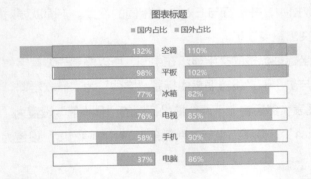

将图表保存为名为"百分比叠加旋风图"的模板,以便下次使用。

7.3.3 呈现百分比叠加旋风图的分析结果

百分比叠加旋风图的数据较多,所以通常有 3 种呈现方法,一是"全部",二是"按类别",三是"按系列"。根据本案例要呈现的重点,选择"全部"。

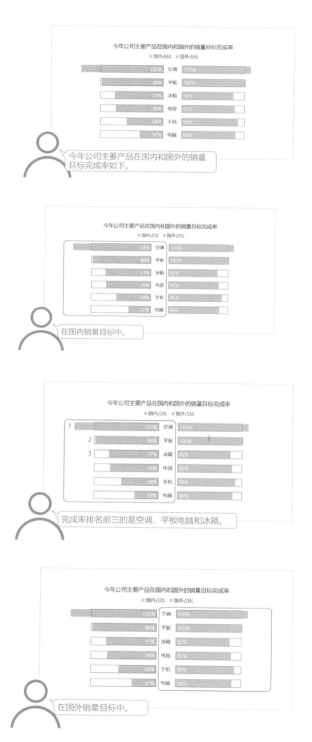

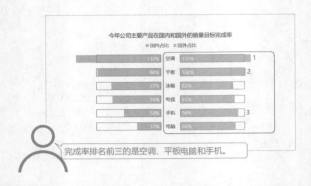

将需要呈现的重点标注出来，绘制 2 个红色轮廓的圆角矩形和 3 个分别写着 1、2、3 的文本框，并为它们分别设置"淡化"动画效果。"动画窗格"如下图所示。

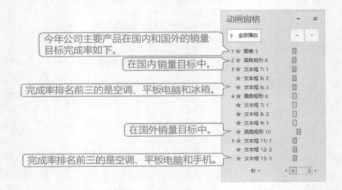

本案例完成后的结果保存在结果文件夹中，名为"百分比叠加旋风图 .pptx"。

7.4 描述组成——堆积条形图

如果需要表示"今年各价格区间的产品在各个城市的销量情况"时，"今年"属于"单时间点"，"各价格区间的产品销量（产品销量）"和"各个城市（地区）"属于"二类数据"，"各个城市的销量情况"属于"数据组成"。

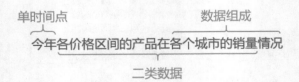

这种描述二类数据在单时间点的组成，通常首选堆积条形图来展示，如下图所示。

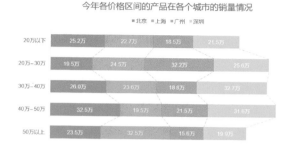

同样，如"本季度各区域分公司的成本支出组成情况"，"各区域分公司"和"成本支出"属于"二类数据"，"成本支出组成情况"属于"数据组成"。

```
单时间点              数据组成
本季度各区域分公司的成本支出组成情况
           二类数据
```

使用堆积条形图展示这组数据，如下图所示。

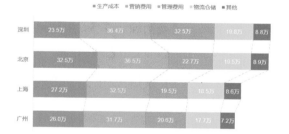

案例

本节的案例是将"本年度各产品各区域利润组成情况"用图表展示出来，原始数据在素材文件夹中的"堆积条形图.xlsx"文件中。

产品	亚洲	欧洲	北美洲	南美洲
电波表	97341631	69887455	94164363	69486516
光能表	87964631	69846542	124968769	48976543
手动机械表	96476573	68976411	111184654	56481765
自动机械表	87645613	98784652	94186543	65546154
石英表	65565941	89812989	141174654	79845211

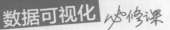

经过分析，"本年度"属于"单时间点"，"各产品"（产品）和"各区域利润"（利润）属于"二类数据"，"各区域利润组成情况"属于"数据组成"。

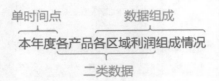

使用堆积条形图展示这组数据，如下图所示。

下面就来一步步完成该图表的制作。

7.4.1 易于解读的堆积条形图必须要对数据排序

在制作堆积条形图之前，首先需要明确一件事，那就是所有的堆积条形图都需要有顺序。而这个顺序可以体现在坐标轴上或者数据上。

如对于"今年各价格区间的产品在各个城市的销量情况"来说，它的顺序体现在坐标轴上，这样易于数据的解读。

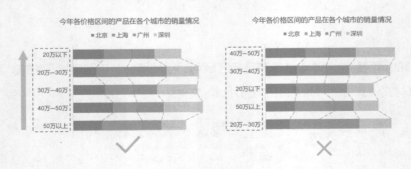

而对于坐标轴没有顺序的条形图来说，必须要将数据进行排序。通常会根据数据的合计进行排序，如下图中的"本季度各区域分公司的成本支出组成情况"。

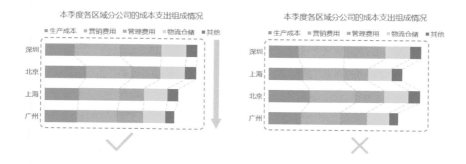

在对数据进行排序的时候，与条形图一样，还是遵循"好的数据放在上面"。如销量、利润、好评率、市场占有率等，这些数据应该使用降序；而成本、出错率、投诉率等数据，应该使用升序。

7.4.2 在 Excel 中制作堆积条形图

Excel 中的数据没有前后顺序，所以需要计算合计，然后对合计进行升序排列。在 G2 单元格输入"合计"，并单击【公式】选项卡中的"自动求和"按钮，然后将合计进行升序排列。

选中 B2:F7 单元格区域（不选中"合计"列），插入堆积条形图。

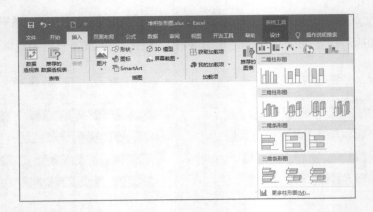

选中堆积条形图，单击【设计】选项卡中的"添加图表元素"按钮，在弹出的下拉列表框中选择"线条"中的"系列线"选项。然后依次在不同颜色的条形上单击鼠标右键，在弹出的快捷菜单中选择"添加数据标签"命令。最后双击添加的任意数据标签，在"设置数据标签格式"对话框中设置"数字"中的"格式代码"为"0!.0,万"，使用同样的方法，为其他数据标签设置数字格式。完成后的结果保存在"堆积条形图 .xlsx"文件中。

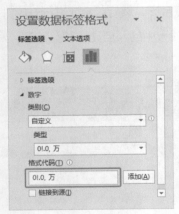

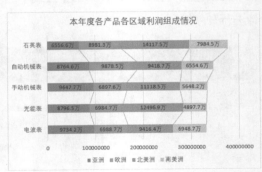

此时的堆积条形图已经可以用于数据分析了，如分析结果为：本年度的石英表利润最高，其中北美洲贡献最大；电波表的利润最低，其中亚洲贡献最大。

7.4.3 在 PPT 中制作堆积条形图

新建一个 PPT，插入堆积条形图。将 Excel 表格中除了合计之外的数据复制粘贴到 PPT 的图表数据中，并对图表进行与 Excel 中相同的设置。接下来就是对图表进行"降噪""美化""突出重点"了。

删除网格线，将"图例位置"设置为"靠上"；双击添加的系列线，在"设置系列线格式"对话框的"线条"选项下，设置"短划线类型"为"长划线"；设置图表"字体"为"微软雅黑"，"字号"为"18"，放大图表并修改图表标题。

本年度各产品各区域利润组成情况
■亚洲 ■欧洲 ■北美洲 ■南美洲

	亚洲	欧洲	北美洲	南美洲
石英表	6556.6万	8981.3万	14117.5万	7984.5万
自动机械表	8764.6万	9878.5万	9418.7万	6554.6万
手动机械表	9647.7万	6897.6万	11118.5万	5648.2万
光能表	8796.5万	6984.7万	12496.9万	4897.7万
电波表	9734.2万	6988.7万	9416.4万	6948.7万

将图表保存为名为"二类数据在单时间点的组成（堆积条形图）"的模板，以便下次使用。

7.4.4 呈现堆积条形图的分析结果

堆积条形图的数据较多，所以通常有 3 种呈现方法，一是"全部"，二是"按类别"，三是"按系列"。根据本案例要呈现的重点，选择"全部"。

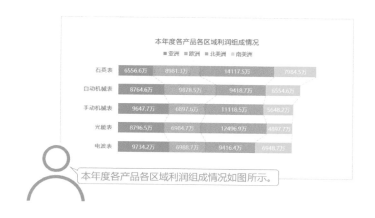

本年度各产品各区域利润组成情况如图所示。

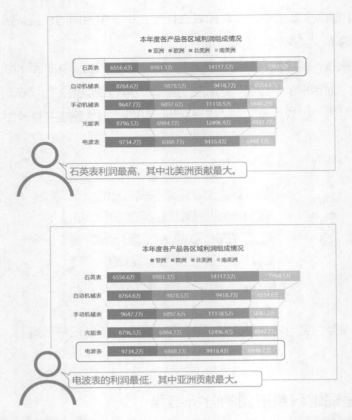

设置堆积条形图的动画为"进入"分类中的"擦除",并根据条形图的方向,设置"效果选项"为"自左侧"。然后将需要呈现的重点标注出来,绘制 2 个红色轮廓的圆角矩形,分别设置"淡化"的动画。"动画窗格"如下图所示。

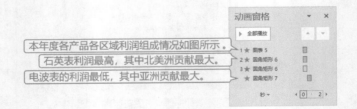

本案例完成后的结果保存在结果文件夹中,名为"堆积条形图 .pptx"。

第**8**章

描述数据之间关系图表的选取与展示

　　如果需要表示"今年公司服务满意度和客户排队时间相关分析"，"满意度"和"排队时间"之间有某种关系，此时需要展示的就是这二类数据之间的关系。

8.1 二类数据的多对多关系——散点图

什么是多对多关系呢？一个"服务满意度"可以对应多个"客户排队时间"，而一个"客户排队时间"可以对应多个"服务满意度"，这就是多对多关系。

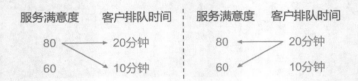

要表示这种二类数据的多对多关系，通常首选的图表就是散点图，如下图所示。

公司服务满意度和客户排队时间相关分析

什么是一对多关系呢？如"客户排队时间与平均服务满意度的关系"，"客户排队时间"只能对应一个"平均服务满意度"，而"平均服务满意度"可以对应多个"客户排队时间"，这就是一对多关系。

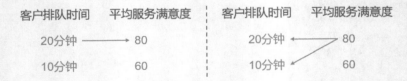

一对多关系的二类数据，如果使用散点图表示，效果如下。

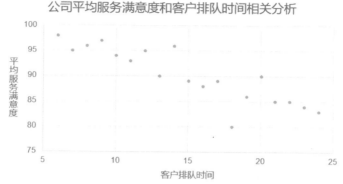

可以通过折线图直接实现上图的数据分析和展示，而不需要使用复杂的散点图。

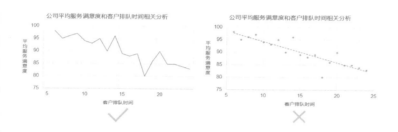

很多人都很难快速理解多对多和一对多的关系。有一种更简单的理解方法：通过对比多对多关系和一对多关系发现，多对多关系就是在一根竖线上会出现 2 个及 2 个以上的点，而一对多关系就是在一根竖线上只会出现 1 个点。也就是说，如果图表中垂直方向有两个点，应该用散点图。

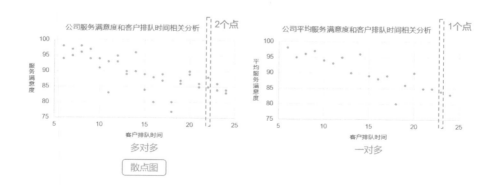

同样，如"快递员单次配送包裹数和准时送达率的关系"，"单次配送包裹数"（包裹数）和"准时送达率"（送达率）属于"二类数据"，它们的数据值都是数

字，并且是多对多关系。

快递员单次配送包裹数和准时送达率的关系

二类数据

像这种二类数据的多对多关系，通常选择散点图来展示，如下图所示。

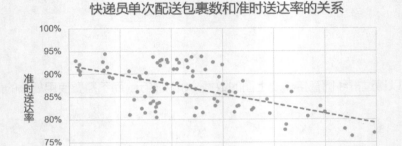

快递员单次配送包裹数和准时送达率的关系

案例

本节的案例是将"公司员工绩效与工作时间的关系"用图表展示出来，原始数据在"散点图 .xlsx"文件中。

员工绩效	工作时间
74	8.1
77	6.5
87	7.7
79	8.9
98	10.5
43	6
95	8.2

⋮

经过分析，"员工绩效"和"工作时间"属于"二类数据"，它们的数据值都是数字，并且是多对多关系。

公司员工绩效与工作时间的关系

二类数据

使用散点图展示这组数据，如下图所示。

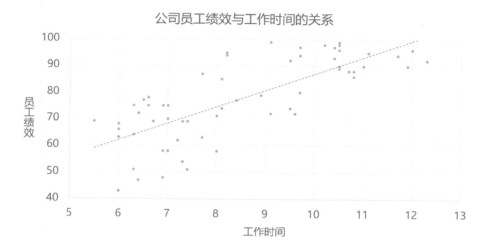

下面就来一步步完成该图表的制作。

8.1.1 把重要的数据放在纵坐标轴

对一个散点图来说，把横坐标轴和纵坐标轴互换之后，还是一个散点图，但是在用于分析和展示时，我们通常都会把重要的数据放在纵坐标轴。

如"服务满意度和客户排队时间相关分析"，其中"服务满意度"是重点，所以把它作为纵坐标轴，这样符合我们阅读图表的习惯，知道图表中越靠上的数据越好。

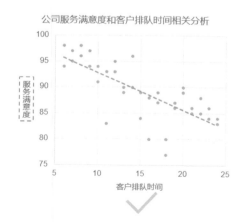

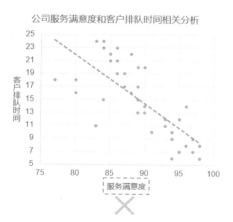

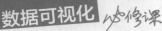

同样，如"公司员工绩效与工作时间的关系"，其中"员工绩效"是重点，所以把它作为纵坐标轴。

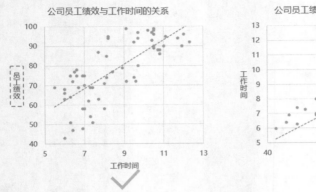

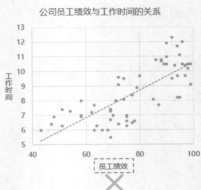

8.1.2 在 Excel 中制作散点图

打开"散点图.xlsx"文件。为了将"员工绩效"作为纵坐标轴，将 B 列的数据剪切粘贴至 C 列之后，选择数据区域，然后在【插入】选项卡中单击"插入散点图 (X、Y) 或气泡图"按钮，在弹出的下拉列表框中选择"散点图"选项。

选中插入的散点图，单击【设计】选项卡中的"添加图表元素"按钮，在弹出的下拉列表框中选择"趋势线"中的"线性"选项，然后为图形添加线性趋势线。

此时的散点图如下图所示。完成后的结果保存在"散点图 .xlsx"文件中。

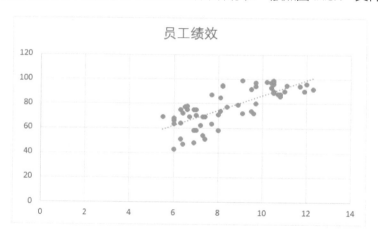

此时的散点图已经可以用于数据分析了，如分析结果为：工作时间和员工绩效成正相关关系，其中数据较为密集的部分为 6－8 小时的工作时间，它的绩效大部分在 60 分左右；另外一个数据较为密集的部分为 10－11 小时的工作时间，它的绩效为 80－100 分。

8.1.3　在 PPT 中制作散点图

01　新建一个 PPT，插入散点图。将 Excel 表格中的数据复制粘贴到 PPT 的图表数据中。

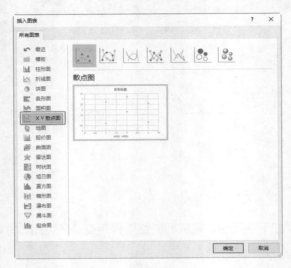

接下来就要对 PPT 中的散点图进行"降噪""美化""突出重点"了。

02　根据数据的大小，将横坐标轴的"最小值"设置为"5.0"，"最大值"设置为"13.0"；将纵坐标轴的"最小值"设置为"40.0"，"最大值"设置为"100.0"。

接下来为散点图添加线性趋势线。

03　选中插入的散点图，单击【设计】选项卡中的"添加图表元素"按钮，在弹出的下拉列表框中选择"趋势线"中的"线性"选项，并将趋势线的"短划线类型"设置为"方点"。

色填充"，"颜色"设置为灰色，"边框"设置为"无线条"。

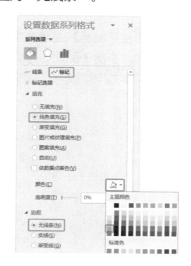

04 在散点图中趋势线更为重要，所以将所有的散点的"填充"设置为"纯

由于散点图的二类数据都是数值，无法清晰地辨识横坐标轴和纵坐标轴的内容，所以通常都会给散点图添加坐标轴标题。

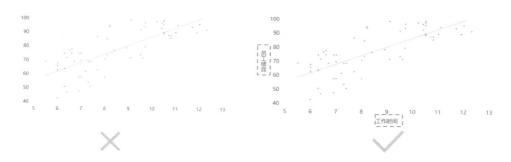

05 选中图表，单击【设计】选项卡中的"添加图表元素"按钮，然后分别选择"坐标轴标题"中的"主要横坐标轴"和"主要纵坐标轴"两个选项。

06 在横坐标轴标题中输入"工作时间"，在纵坐标轴标题中输入"员工绩效"。

默认的纵坐标轴标题是将文字旋转270°得到的，不易于阅读。通常会将纵坐标轴的文字方向修改为"竖排"。

07 双击纵坐标轴标题，单击"设置坐标轴标题格式"对话框中的"文本选项"，再在"文本框"选项中将"文字方向"设置为"竖排"。

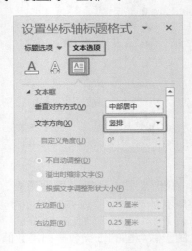

08 修改图表标题，将图表中文字的"字体"设置为"微软雅黑"，"字号"设置为"18"。

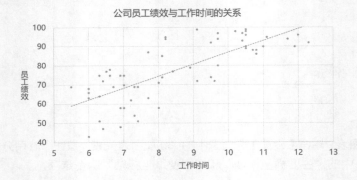

将图表保存为名为"二类数据的多对多关系（散点图）"的模板，以便下次使用。

8.1.4 呈现散点图的分析结果

虽然 PPT 为散点图提供了"按系列"和"按类别"两种呈现方式，但是由于散点图的数据太多，所以通常散点图的呈现都是将图表作为一个整体全部"淡化"。

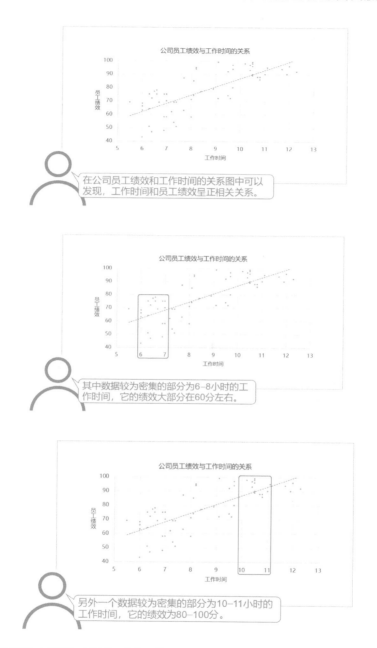

首先设置散点图的动画为"进入"分类中的"淡化",然后将需要呈现的重点标注出来,绘制 2 个红色轮廓的圆角矩形,分别设置"淡化"的动画。此时即可看到"动画窗格"对话框中添加的动画。

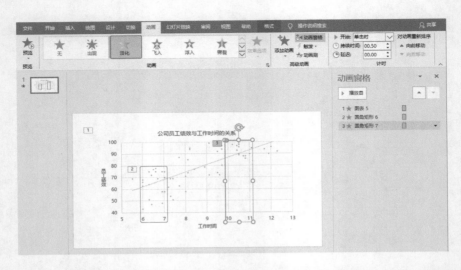

此时散点图中有 2 个圆角矩形，在显示左侧的"圆角矩形 6"后，为了突出右侧的"圆角矩形 7"，可以在显示"圆角矩形 7"前，退出左侧的"圆角矩形 6"。选择左侧的"圆角矩形 6"，单击【动画】选项卡中的"添加动画"按钮，在弹出的下拉列表框中选择"退出"分类中的"淡化"动画（设置退出动画后，颜色会变为粉红色），并单击"动画窗格"中的"上移"按钮，将其动画顺序调整至"圆角矩形 7"上方；然后选择"圆角矩形 7"，将【动画】选项卡中的"开始"设置为"上一动画之后"。

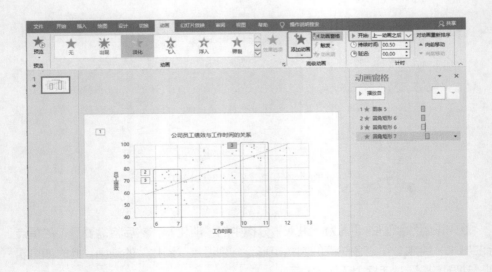

"动画窗格"如下图所示。

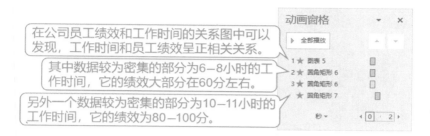

本案例完成后的结果保存在结果文件夹中,名为"散点图.pptx"。

8.2 三类数据的多对多关系——气泡图

三类数据的多对多关系,通常首选的图表就是气泡图,如下图所示。

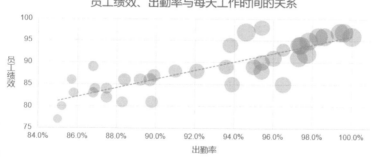

气泡图是在散点图显示二类数据的基础上,用每个数据点的大小来表示第三类数据。因为数据点像气泡,所以叫气泡图。

如"本年度公司各高管年薪收入、每天睡眠时间与每天阅读时间的关系","年薪收入""每天睡眠时间""每天阅读时间"属于"三类数据",它们的数据值都是数字,并且是多对多关系。

本年度公司各高管年薪收入、每天睡眠时间与每天阅读时间的关系

三类数据

像这种三类数据的多对多关系，通常首选的就是气泡图，如下图所示。

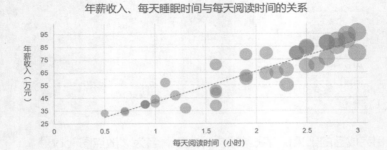

年薪收入、每天睡眠时间与每天阅读时间的关系

案例

本节的案例是将"本月快递员单次配送包裹数、准时送达率和配送费的关系"用图表展示出来，原始数据在"气泡图 .xlsx"文件中。

准时送达率	配送包裹数	配送费
76.42%	17.52	8
77.97%	17.38	6
77.75%	16.21	3
78.96%	16.23	3
80.78%	16.65	8
83.01%	16.9	2
77.07%	17.75	5
81.72%	16.98	5
86.12%	16.34	4
87.23%	16.25	3
81.69%	15.22	6
82.14%	15.56	4

经过分析，"单次配送包裹数""准时送达率""配送费"属于"三类数据"，它们的数据值都是数字，并且是多对多关系。

本月快递员单次配送包裹数、准时送达率和配送费的关系

三类数据

选用气泡图展示这组数据，如下图所示。

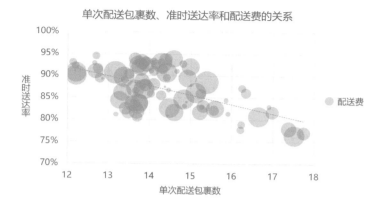

下面就来一步步完成该图表的制作。

8.2.1　在 Excel 中制作气泡图

01　判断在"配送包裹数""准时送达率""配送费"三类数据中，最重要的是"准时送达率"，所以将该列数据剪切粘贴至第二列，以确保"准时送达率"显示在纵坐标轴上。

02　选中包含数据的单元格区域，在【插入】选项卡中单击"插入散点图 (X、Y) 或气泡图"按钮，在弹出的下拉列表框中选择"气泡图"选项。

03　默认气泡图的"气泡"全部堆积在一起，难以分析。根据数据大小，将纵坐标轴的"最小值"设置为"0.7"，"最大值"设置为"1.0"；将横坐标的"最小值"设置为"12.0"，"最大值"设置为"18.0"。

04 修改图表标题，如下图所示。

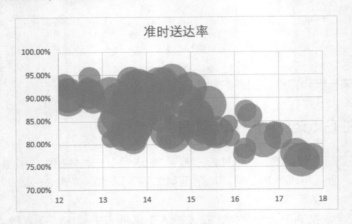

此时需要修改气泡的大小和颜色，以便于区分各个数据点。

05 双击任意气泡，在"设置数据系列格式"对话框中将"大小表示"设置为"气泡宽度"，"缩放气泡大小为"设置为"50"。

06 将气泡的"填充"设置为"纯色填充"，"颜色"设置为蓝色，"透明度"设置为"50%"。

 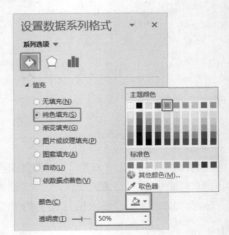

07 选中插入的气泡图，单击【设计】选项卡中的"添加图表元素"按钮，在弹出的下拉列表框中选择"趋势线"下的"线性"选项，然后为图形添加线性趋势线。双击趋势线，在"填充与线条"下的"线条"中设置"短划线类型"为"方点"。

最终图表如下图所示。完成后的结果保存在结果文件夹中，名为"气泡图 .xlsx"。

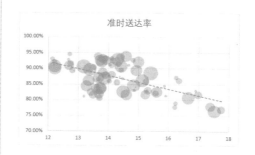

此时的气泡图已经可以用于数据分析了，如分析结果为：配送包裹数与准时送达率呈负相关关系；每单的配送费与单次配送包裹数和准时送达率都没有呈现出明显的相关关系；样本点大部分集中在准时送达率为 80%~95%，单次配送包裹数为 13~15。

8.2.2　在 PPT 中制作气泡图

新建一个 PPT，插入气泡图。

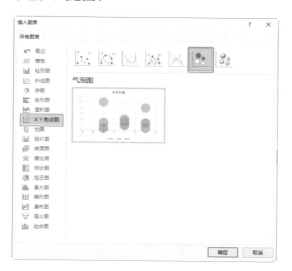

将 Excel 表格中的数据复制粘贴到 PPT 的图表数据中，并将 Excel 中对图表的设置重新在 PPT 中操作一遍。然后就要对图表进行"降噪""美化""突出重点"了。

为横坐标轴添加"单次配送包裹数"的坐标轴标题，为纵坐标轴添加"准时送达率"的坐标轴标题；双击纵坐标轴标题，在"设置坐标轴标题格式"对话框中设置"文字方向"为"竖排"；单击纵坐标轴，在"设置坐标轴格式"对话框中将纵坐标轴的"小数位数"设置为"0"，然后将图表的"字体"设置为"微软雅黑"，"字号"设置为"18"。

气泡图显示的是三类数据，其中两类数据可以通过两个坐标轴标题体现，而气泡所代表的"配送费"无法通过图表明确地展示出来。所以需要在图表的右侧绘制一个圆形，并设置"透明度"为"50%"，"形状填充"为蓝色，"形状轮廓"为"无轮廓"；然后在圆形旁边插入文本框并输入"配送费"；修改图表标题。

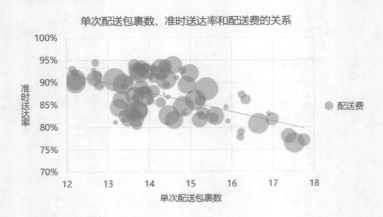

将图表保存为名为"三类数据的多对多关系（气泡图）"的模板，以便下次使用。

8.2.3 呈现气泡图的分析结果

虽然 PPT 为气泡图提供了"按系列"和"按类别"两种呈现方式，但是由于气泡图的数据太多，所以通常气泡图的呈现都是将图表作为一个整体全部"淡化"。

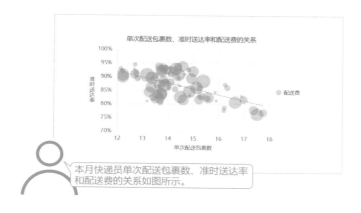

本月快递员单次配送包裹数、准时送达率和配送费的关系如图所示。

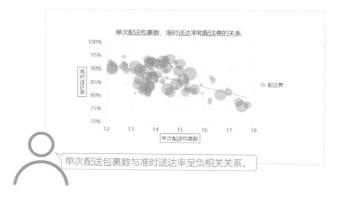

单次配送包裹数与准时送达率呈负相关关系。

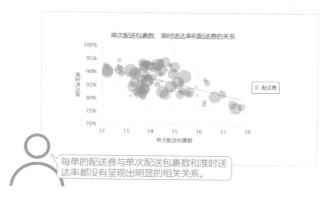

每单的配送费与单次配送包裹数和准时送达率都没有呈现出明显的相关关系。

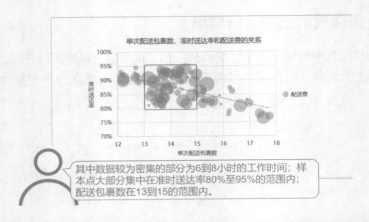

给图表设置"进入"分类中的"淡化"动画。然后将需要呈现的重点标注出来，绘制 4 个红色轮廓的圆角矩形，分别设置"淡化"动画。"动画窗格"如下图所示（设置方法参见 8.1.4 小节）。

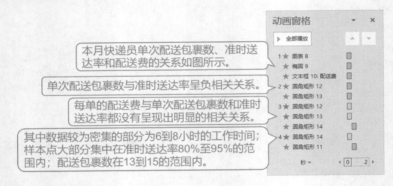

本案例完成后的结果保存在结果文件夹中，名为"气泡图 .pptx"。

8.3　三类数据的一对多关系——折线柱形图

如果需要表示"本年度产品各个区域的定价和销量关系"时，"各个区域""定价""销售额"属于"三类数据"。

本年度产品各个区域的定价和销量关系

三类数据

而且这三类数据的关系是："区域"与"定价"是一对多关系。

"区域"和"销量"也是一对多关系。

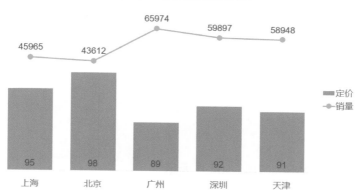

这种三类一对多数据在单时间点的关系，通常首选折线柱形图来表示，如下图所示。

产品各个区域的定价和销量关系

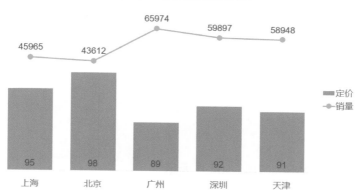

同样，如"今年公司员工各工龄段的日平均工作时间和日平均销售业绩"，"今年"属于"单时间点"，"各工龄段""日平均工作时间""日平均销售业绩"属于"三类数据"。

今年公司员工各工龄段的日平均工作时间和日平均销售业绩

单时间点　　　　　　　　　　　　三类数据

而且这三类数据的关系是："工龄段"与"日平均工作时间"是一对多关系；"工

龄段"与"日平均销售业绩"是一对多关系。

这种三类一对多数据在单时间点的关系，通常首选折线柱形图来展示，如下图所示。

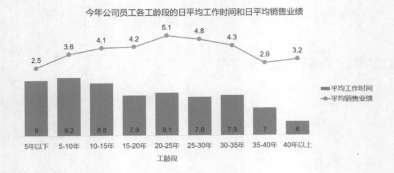

今年公司员工各工龄段的日平均工作时间和日平均销售业绩

由于折线柱形图已经在 3.8 节做了详细介绍，此处不赘述折线柱形图的制作方法。

8.4 描述多个指标之间的关系——雷达图

当需要表示"本月冰箱产品的多个指标情况"时，"冰箱产品的多个指标情况"属于"一类数据"。

选用雷达图展示这组数据，如下图所示。

本月冰箱产品的多个指标情况

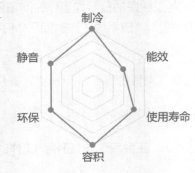

雷达图可以将多个指标在一张多边形的图表中展示，因像雷达而得名。

如"本年度沈君各指标完成情况"，"沈君各指标完成情况"属于"一类数据"。

本年度沈君各指标完成情况

一类数据

选用雷达图展示这组数据，如下图所示。

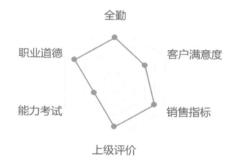

本年度沈君各指标完成情况

案例

本节的案例是将"今年本快递公司的各项指标"用图表展示出来，原始数据在"雷达图 .xlsx"文件中。

指标	分值
品牌口碑	82
派件服务	63
物流时效	81
包裹追踪	75
用户评价	44

经过分析，"本快递公司的各项指标"属于"一类数据"。

今年本快递公司的各项指标

一类数据

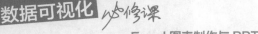
选用雷达图展示这组数据，结果如下图所示。

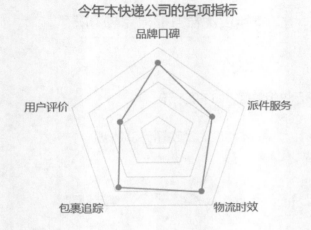

接下来就来一步步完成该图表的制作。

8.4.1 在 Excel 中制作雷达图

在 Excel 中选中 B2:C7 单元格区域，单击【插入】选项卡中的"插入瀑布图、漏斗图、股价图、曲面图或雷达图"按钮，在弹出的下拉列表框中选择"带数据标记的雷达图"。

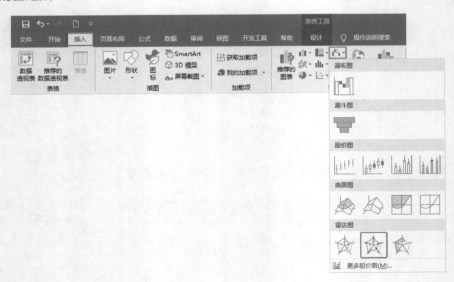

修改图表标题后的结果如下图所示。完成后的结果保存在"雷达图.xlsx"文件中。

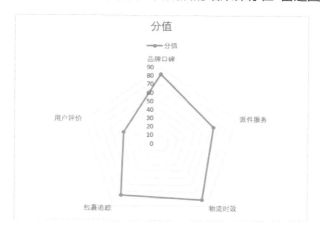

此时的雷达图已经可以用于数据分析了，如分析结果为：我公司的品牌口碑、物流时效和包裹追踪这 3 个指标表现较好，派件服务和用户评价指标表现较差，是明年提升的重点。

8.4.2 在 PPT 中制作雷达图

01 新建一个 PPT，并插入雷达图。将 Excel 表格中的数据复制粘贴到 PPT 的图表数据中。

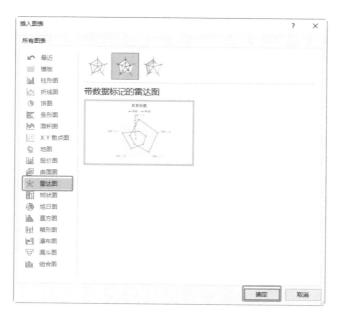

接下来就要对图表进行"降噪""美化""突出重点"了。

02 双击坐标轴，将坐标轴"边界"的"最大值"设置为"100.0"，"单位"中的"大"设置为"20.0"，这样就可以只出现 5 个层级了。最后在"标签"下将"标签位置"设置为"无"。

03 为了突出数据，需要将数据标记的"圆点"设置得更大。双击数据标记圆点，在"标记"选项中选中"标记选项"下的"内置"单选项，并设置"大小"为"10"。

04 删除图例，将图表中文字的"字体"设置为"微软雅黑"，"字号"设置为"18"，如下图所示。

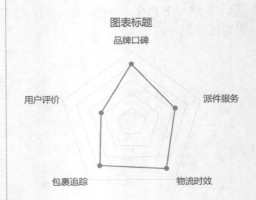

将图表保存为名为"一类数据在单时间点的指标（雷达图）"的模板，以便下次使用。

8.4.3　呈现雷达图的分析结果

雷达图的常用呈现方式如下图所示。

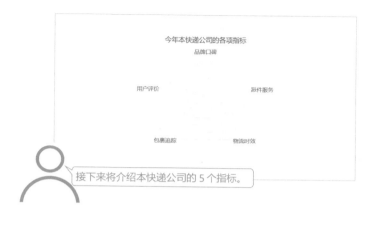

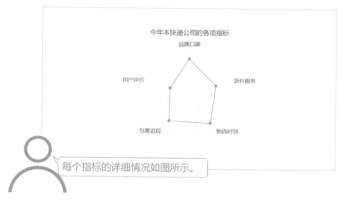

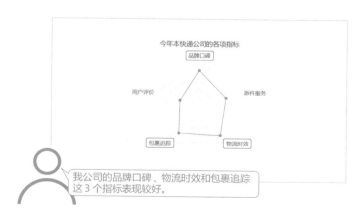

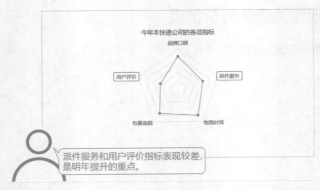

设置雷达图的动画为"进入"分类中的"淡化",并将"效果选项"设置为"按系列",然后绘制 5 个红色轮廓的圆角矩形,并设置以下动画(设置方法参见 8.1.4 小节)。

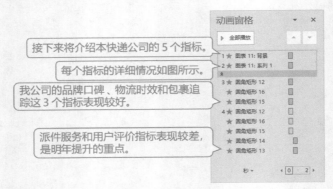

本案例完成后的结果保存在结果文件夹中,名为"雷达图 .pptx"。

8.5 描述二类数据多个指标之间的关系——多雷达图

当需要表示"本年度冰箱的三个厂家各指标情况对比"时,"冰箱的三个厂家(厂家)"和"各指标(指标)"属于"二类数据","各指标情况对比"属于"数据的指标"。

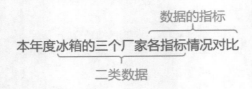

使用多雷达图展示这组数据，如下图所示。

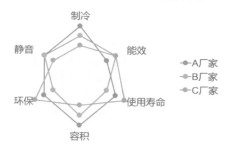

本年度冰箱的三个厂家各指标情况对比

为了与一类数据的雷达图做区别，笔者将二类数据的雷达图称为"多雷达图"，超过二类数据的都可以使用多雷达图。

如"本年度沈君各指标完成情况与岗位平均值"，使用多雷达图展示，如下图所示。

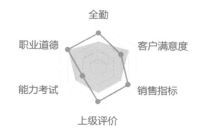

本年度沈君各指标完成情况与岗位平均值

案例

本节的案例是将"今年本快递公司的各项指标与行业平均值"用图表展示出来，原始数据在"多雷达图 .xlsx"文件中。

指标	分值	行业平均
品牌口碑	82	43
派件服务	63	79
物流时效	81	66
包裹追踪	75	59
用户评价	44	60

经过分析，"本快递公司与行业平均（对象）"和"各项指标（指标）"属于"二类数据"，"各项指标"属于"数据的指标"。

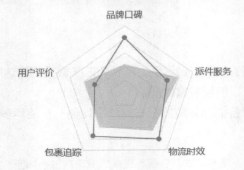

使用多雷达图展示这组数据，如下图所示。

接下来就来一步步完成该图表的制作。

8.5.1　在 Excel 中制作多雷达图

在 Excel 中选中 B2:D7 单元格区域，单击【插入】选项卡中的"插入瀑布图、漏斗图、股价图、曲面图或雷达图"按钮，在弹出的下拉列表框中选择"带数据标记的雷达图"。

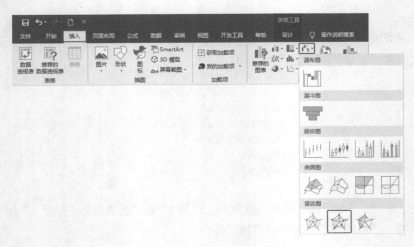

图表如下图所示。完成后的结果保存在结果文件夹中，名为"多雷达图 .xlsx"。

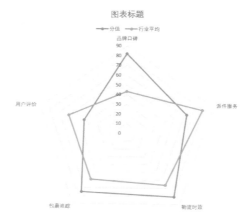

此时的多雷达图已经可以用于数据分析了，如分析结果为：我公司在品牌口碑、物流时效和包裹追踪这 3 个方面超过了行业平均值，而用户评价和派件服务却低于行业平均值，这两项是我们下一年度的重点。

8.5.2 在 PPT 中制作多雷达图

01 新建一个 PPT，插入雷达图。将 Excel 表格中的数据复制粘贴到 PPT 的图表数据中。

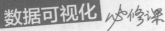

接下来就要对图表进行"降噪""美化""突出重点"了。

02 双击坐标轴，将坐标轴"边界"的"最大值"设置为"100.0"，"单位"中的"大"设置为"20.0"，这样就可以只出现 5 个层级了。在"标签"中将"标签位置"设置为"无"。

03 为了突出数据，需要将数据标记的"圆点"设置得更大。双击数据标记圆点，在"标记"下的"标记选项"中选中"内置"单选项，并设置"大小"为"10"。

04 删除图例，将图表中文字的"字体"设置为"微软雅黑"，"字号"设置为"18"，如下图所示。

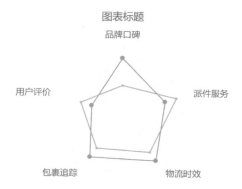

8.5.3 将指标平均值设置为填充雷达图

因为在雷达图中有两类数据，查看 PPT 的受众会产生困扰，到底哪个是平均值，哪个是我公司的实际值呢？通常会将平均值的图形设置为半透明的填充色，这样就易于区分了。

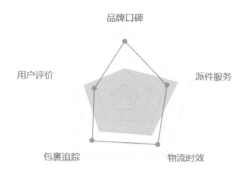

01 在雷达图上单击鼠标右键，在弹出的快捷菜单中选择"更改图表类型"命令。

02 在弹出的"更改图表类型"对话框中选择"组合图"选项卡，将"行业平均"设置为"填充雷达图"，并选中"次坐标轴"复选框，单击"确定"按钮。如不选中"次坐标轴"复选框，则雷达图会出现错乱。

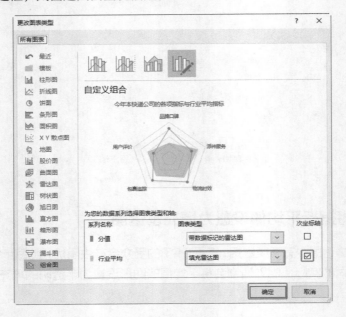

03 此时就好比一个填充雷达图完全覆盖在原有的雷达图上一样，连雷达图的5个指标文字也被相同的文字覆盖。这时双击填充雷达图区域，在"设置数据系列格式"对话框中，取消选中"分类标签"复选框。

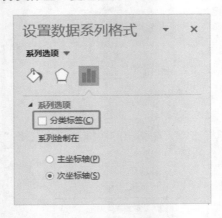

04 将"标记"选项下的"填充"设置为"纯色填充"，"颜色"设置为橙色，"透明度"设置为"50%"。

05 　双击坐标轴，将坐标轴的"最大值"设置为"100.0"，"单位"中的"大"设置为"20.0"，并将"标签"下的"标签位置"设置为"无"。

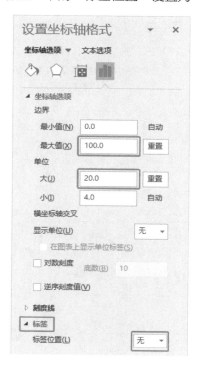

最终图表如下图所示。

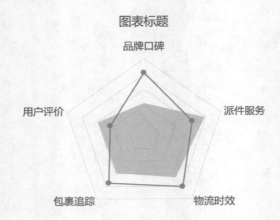

将图表保存为名为"二类数据在单时间点的指标（多雷达图）"的模板，以便下次使用。

8.5.4 呈现雷达图的分析结果

雷达图的常用呈现方式如下图所示。

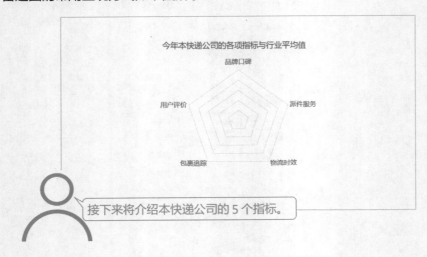

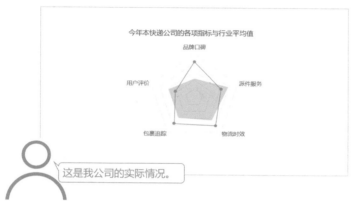

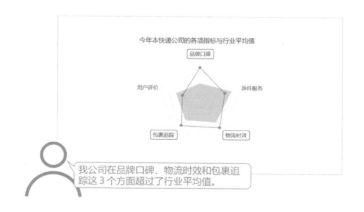

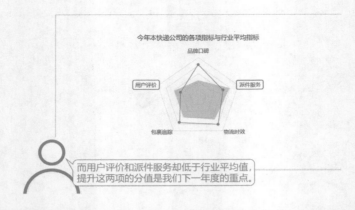

设置雷达图的动画为"进入"分类中的"淡化"，并将"效果选项"设置为"按系列"，然后绘制 5 个红色轮廓的圆角矩形，并设置以下动画（设置方法参见 8.1.4 小节）。

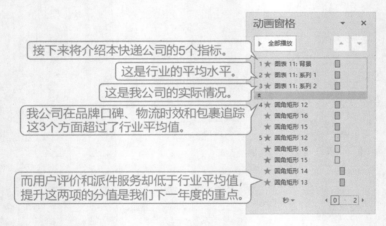

本案例完成后的结果保存在结果文件夹中，名为"多雷达图 .pptx"。